“十四五”高等职业教育装备制造类专业系列教材

U0800263

电工电子技术实训教程

时会美　李艳红◎主　编
宋凡峰　贾廷波◎副主编
李　彪◎主　审

中国铁道出版社有限公司
CHINA RAILWAY PUBLISHING HOUSE CO., LTD.

内容简介

本书是“十四五”高等职业教育装备制造类专业系列教材之一，内容包括安全用电与电气火灾应急处理、配电盘的装配、照明电路的安装与检查、三相异步电动机控制电路的安装与调试、直流稳压电源的设计与制作、红外二极管感应报警器的制作与调试、多传感器质量检测逻辑表决电路的设计与制作。

本书是活页工单式实训教材，校企合作开发实训项目。二维码中包括微课视频、动画等数字化资源。配套“电工电子技术与应用”在线课程，便于教师灵活组织教学和学生、工程人员自主学习。

本书适合作为高等职业院校装备制造类专业的教材，也可作为相关工程技术人员的参考书。

图书在版编目(CIP)数据

电工电子技术实训教程 / 时会美，李艳红主编. 北京 ：中国铁道出版社有限公司，2025. 7. --（“十四五”高等职业教育装备制造类专业系列教材）. -- ISBN 978-7-113-32405-6

Ⅰ. TM；TN

中国国家版本馆 CIP 数据核字第 2025Z3K916 号

书　　名：电工电子技术实训教程
作　　者：时会美　李艳红

策　　划：李志国　　**编辑部电话：**(010)83527746
责任编辑：张松涛　绳　超
封面设计：刘　颖
责任校对：安海燕
责任印制：赵星辰

出版发行：中国铁道出版社有限公司（100054，北京市西城区右安门西街 8 号）
网　　址：https://www.tdpress.com/51eds
印　　刷：天津嘉恒印务有限公司
版　　次：2025 年 7 月第 1 版　2025 年 7 月第 1 次印刷
开　　本：787 mm×1 092 mm 1/16　**印张：**9.25　**字数：**242 千
书　　号：ISBN 978-7-113-32405-6
定　　价：37.00 元

前言

党的二十大报告提出:“坚持把发展经济的着力点放在实体经济上,推进新型工业化,加快建设制造强国、质量强国、航天强国、交通强国、网络强国、数字中国。实施产业基础再造工程和重大技术装备攻关工程,支持专精特新企业发展,推动制造业高端化、智能化、绿色化发展。”“推动战略性新兴产业融合集群发展,构建新一代信息技术、人工智能、生物技术、新能源、新材料、高端装备、绿色环保等一批新的增长引擎。”高端装备、智能制造产业的发展,为职业教育装备制造类专业的发展带来了良好的契机。

本书是“十四五”高等职业教育装备制造类专业系列教材之一。全书内容包括7个项目,项目一至项目四为电工技术部分,项目五至项目七为电子技术部分。遵循学生能力进阶培养规律,每个项目设计2~4个任务,各任务之间由浅入深、层层递进。每个任务由实训目标、实训准备、相关知识、技能训练、考核评价与反馈等部分组成。

本书编写突出思政育人。在实训目标、相关知识、技能训练、考核评价与反馈等各个环节,有机融入思政元素,通过实训目标引导、相关知识浸润、技能训练深化、考核评价与反馈提升等,引导学生树立正确的世界观、人生观、价值观,建立科学思维、辩证思维、工程思维,遵守工程伦理,培养敬业、精益、专注、创新的工匠精神,爱岗敬业、遵纪守法、诚实守信的职业道德,以及安全用电、规范操作、节约环保、团结协作、吃苦耐劳、勇于创新的职业素养。

本书是活页工单式实训教材,学生可以根据自身学习需求和实践条件的具体情况,选择相应的项目和任务。本书的课时安排,建议不少于两周集中实训。与本书配套的数字化教学资源,包括微课视频、动画等,以二维码形式展现。本书还配有在线课程,登录“智慧职教 MOOC 学院”平台搜索“电工电子技术与应用”即可访问,以适应线上线下混合式教学模式改革及其他工程技术人员自主学习。

本书是校企合作教材,由山东水利职业学院时会美、李艳红任主编,山东水利职业学院宋凡峰、国网山东省电力公司日照供电公司贾廷波任副主编,山东水利职业学院张水利、孟祥天和国网山东省电力公司日照供电公司曹媛媛、石昊彦、张作明参与教材内容的论证及部分内容的编写。具体编写分工如下:项目一由贾廷波、张水利、时会美编写,项目二由宋凡峰、贾廷波、曹媛媛编写,项目三由时会美、石昊彦编写,项目四由宋凡峰、张作明、孟祥天、时会美编写,项目五由李艳红、张作明编写,项目六由李艳红、曹媛媛编写,项目七由李艳红、时会美、石昊彦编写。全书由时会美、李艳红统稿,由国网山东省电力公司日照供电公司李彪主审。

在本书编写过程中,编者参考了专家和同行的一些文献和资料,在此向各位专家及有关资料的作者表示衷心感谢。

由于编者水平有限,书中难免有疏漏与不妥之处,恳请广大读者批评指正。

编　者

2025 年 3 月

目录

项目一

安全用电与电气火灾应急处理

任务一　安全用电知识认知

实训目标

(1)了解人体触电的类型及其影响因素。

(2)掌握保护接地和保护接零的基本知识。

(3)能够正确判断用电场所的用电安全及安全隐患。

(4)能进行安全文明生产,具有团队合作的精神,具有一定的组织协调能力。

(5)具有学习资料查询、整理和总结的能力。

实训准备

电工实训电气柜(电工实训工作台);电源检查与测量工具、仪表:试电笔、万用表等。

相关知识

一、电流对人体的危害

视频

触电与安全电压

人体如果不慎触及带电体,就会产生触电事故,使人体受到不同程度的伤害。电流对人体的伤害主要分为电伤和电击两种。

电伤是指电流对人体表面的伤害,包括电弧烧伤、烙伤、熔化的金属溅入皮肤等。即使通过的触电电流较大,一般也不会危及生命;而电击则是电流直接通过人体对人体内部器官造成伤害,影响人的呼吸、心脏和神经系统,造成人体内部的破坏,即使通过的电流较小,也可能导致严重的后果。如果触电者不能迅速摆脱带电体,则会造成死亡事故。

电击对人体的伤害程度与通过人体的电流的大小和频率、通电的路径和通电时间以及人的身体素质等因素有关。当电流通过心脏、脊椎和中枢神经等要害部位时,触电的伤害最为严重,通常认为从左手到右脚是最危险的途径,从一只手到另一只手也是很危险的。触电时间越长,电流对人体的伤害也越严重,因此一旦发生触电事故,首先要迅速切断电源,使触电者尽早脱离带电部位。

人体电阻越大,通入的电流越小,伤害程度就越轻。根据研究结果,当皮肤完好、角质外层很干燥时,人体电阻为$10^4 \sim 10^5\ \Omega$,当角质外层破坏时,人体电阻降为$800 \sim 1\ 000\ \Omega$。当通入人体的电流在 0.05 A 以上时，就有生命危险。一般来说，接触 36 V 以下的电压时，通过人体的电流不超过 0.05 A。通常在干燥环境下安全电压为 36 V；如果在潮湿的场所，安全电压还要规定得低一些，通常为 24 V 和 12 V。

二、人体触电方式

1. 单相触电

当人站在地面上或其他接地体上，人体的某一部位触及一相带电体时，电流通过人体流入大地或中性线，称为单相触电。单相触电是最常见的触电方式，如图 1-1-1 所示。

2. 两相触电

两相触电是指人体两处同时触及两相带电体而造成的触电。电流由一相经人体流入另一相时加在人体上的最大电压称为线电压，其危险性最大，如图 1-1-2 所示。

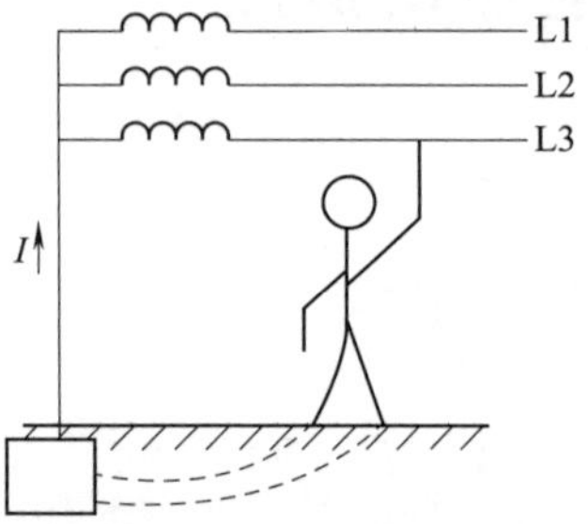

图 1-1-1　单相触电

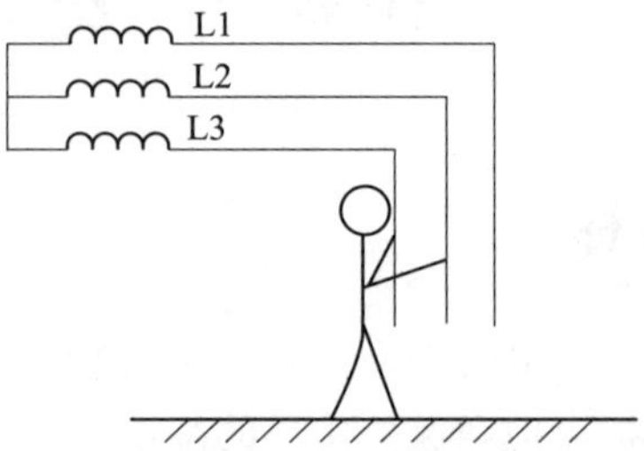

图 1-1-2　两相触电

3. 跨步电压触电

对于外壳接地的电气设备，当绝缘损坏而使外壳带电，或导线断落发生单相接地故障时，电流由设备外壳经接地线、接地体（或由断落导线经接地点）流入大地，向四周扩散。如果此时人站立在设备附近地面上，两脚之间也会承受一定的电压，称为跨步电压。跨步电压的大小与接地电流、土壤电阻率、设备接地电阻及人体位置有关。当接地电流较大时，跨步电压会超过允许值，发生人体触电事故。特别在发生高压接地故障或雷击时，会产生很高的跨步电压，如图 1-1-3 所示。跨步电压触电也是危险性比较大的一种触电方式。

图 1-1-3　跨步电压触电

4. 接触正常不带电的金属体触电

接触正常不带电的金属体是触电的另一种方式。例如，电动机的外壳本来是不带电的，但由于绕组绝缘的损坏而与机壳接触，使机壳带电，这时人体触及带电的机壳，相当于单相触电，大多数触电事故属于这一种。为了避免此类触电事故的发生，用电设备通常采用接地或接零保护措施。

视频

保护接地和保护接零

三、保护接地和保护接零

1. 保护接地

保护接地就是将电气设备的金属外壳接地，宜用于中性点不接地的三相电源系统中，如图 1-1-4所示。电气安装规程规定：1 000 V 以下的电气设备，接地电阻不得大于 4 Ω。当某相相线碰壳时，由于人体电阻远大于接地装置的电阻，根据并联电阻的分流原理，流经人体的电流就很小，而流经接地装置的电流很大，这样就减小了用电设备漏电后人体触电的危险，从而保护了人身安全。

2. 保护接零

在低压供电系统中，一般采用三相四线制、电源中性点接地的供电方式，电源中性点接地，称为工作接地。在电源中性点接地的系统中，将用电设备的金属外壳与电源中性线（零线）相连接，称为保护接零或接零保护，如图 1-1-5 所示。由图可见，如果当电动机某一相绝缘损坏使相线碰壳，外壳带电时，由于外壳采用了保护接零措施，这时，相线和中性线构成回路，单相短路电流很大，使线路上的保护装置（如熔断器）等迅速熔断，将漏电设备与电源断开，从而避免了人身触电事故。

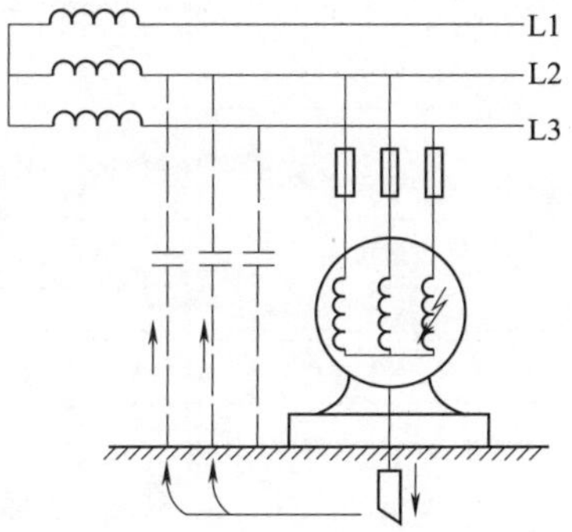

图 1-1-4　保护接地

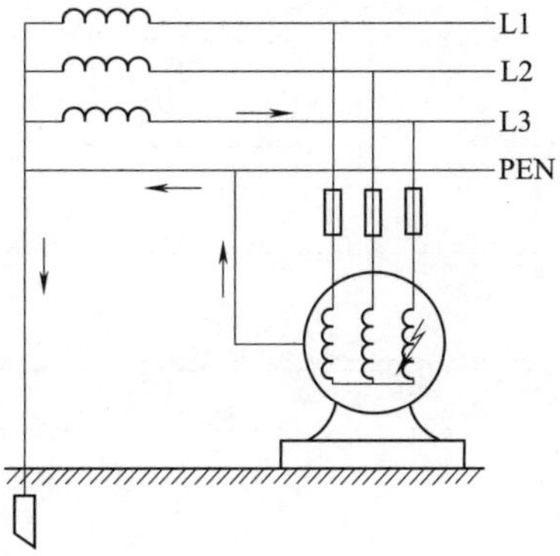

图 1-1-5　保护接零

3. 重复接地

在中性点接地系统中，除采用保护接零外，还要采用重复接地，即将中性线相隔一定距离多处进行接地，如图 1-1-6 所示。若不采用重复接地，当中性线在某处断开后，断点后的用电设备就失去了保护接零作用，只要有一处发生相线碰壳现象，则所有设备外壳都会带电，这相当于单相触电，是非常危险的。如果采用了重复接地，出现上述情况下，由于多处的接地电阻并联，使机壳对地电压大大降低，将危险程度降低。所以尽管有重复接地，仍应防止中性线断开。故规定在中性线上不能装设熔断器或开关器件。

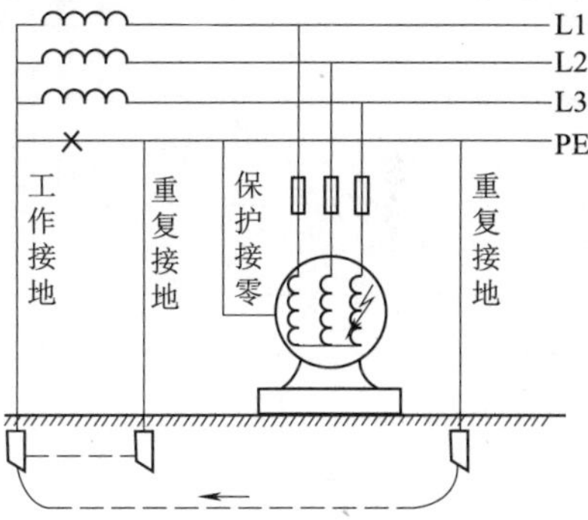

图 1-1-6　重复接地

在三相四线制供电系统中，由于负载往往不对称，中性线中有电流，因而中性线对地电压不为零，距离电源越远，电压越高，但一般在安全电压以下。为了确保设备外壳对地电压为零，专设保护零线 PE，工作零线在进建筑物入口处要接地，进户后再设一条保护零线，这样就成为三相五线制。常用的三孔插座 L、N、E 分别接相线、中性线和 PE 线。

四、安全用电注意事项

（1）没有掌握电气知识和技术的人员，不可安装和拆卸电气设备及电路。

（2）开关控制的必须是相线。

（3）绝不允许私自乱接电线。

（4）在一个插座或灯座上不可引接功率过大的用电器具。

（5）不可用金属丝绑扎电源线。

(6)不允许在电线上晾晒衣物。

(7)电动机和电气设备上不可放置衣物;不可在电动机上站立,雨具不可挂在电动机或开关等电器的上方。

(8)发现任何电气设备或电路的绝缘有破损时,应及时对其进行绝缘恢复。

(9)雷雨时,不要接触或走近高压电杆、铁塔和避雷针的接地线;不要站在高大的树木下,以防雷电入地时发生跨步电压触电。

学习笔记

技能训练

实训工单见表 1-1-1。

表 1-1-1　安全用电知识认知实训工单

实训任务名称	安全用电知识认知			时间		地点	
班级		姓名		学号			
实训小组		组长		成员			

(一)引导问题

画出三相四线制和三相三线制电源供电方式原理图,并标注线路名称。

(二)实训任务

实训任务 1　单相插座接线

图 1 所示为一单相插座接线图,根据安全用电接地、接零保护要求,分析其接线是否正确,并说明原因。

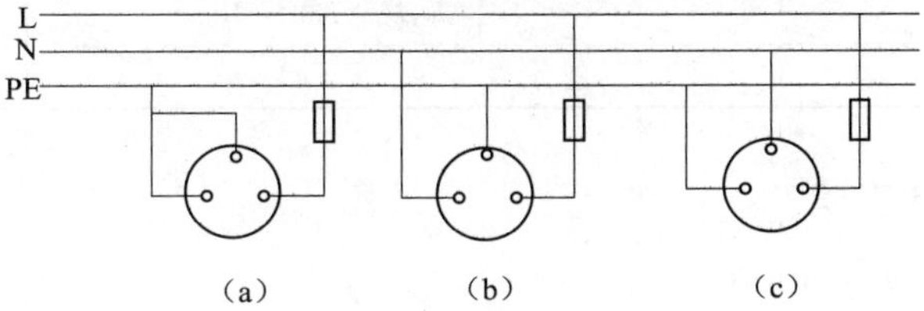

图 1　单相插座接线图

(a)____。

(b)____。

(c)____。

实训任务 2　学习与总结安全用电知识

总结宿舍或家庭中常见的安全用电措施,观察宿舍或家庭用电方面可能存在的安全隐患,撰写安全用电总结报告。

考核评价与反馈

一、考核评价标准

考核评价标准见表1-1-2。

表1-1-2 考核评价标准

评价项目	评价内容	评价标准	分数
综合素养	工作现场整理、整顿	整理、整顿不到位，扣5分	30
	操作遵守安全规范要求	违反安全规范要求，每次扣5分	
	遵守纪律，工作参与积极性和主动性	不遵守教学纪律，有迟到、早退等违纪现象，每次扣2分；参与不积极主动，扣5～10分	
实训工作过程	引导问题知识清楚、明确	回答错误，每处扣5分	10
	分析单相插座电路接线，结论正确，依据表述清楚、充分	判断错误，每项扣5分；分析表述不正确，每处扣2分	20
	安全用电总结报告内容充实、安全用电措施及隐患分析全面，条理清楚	用电安全措施总结不全面，扣5～10分；隐患观察总结不正确，内容不充实，扣5～10分；语言表述条理不清楚，书写不认真，扣5～10分	30
实训结果	实训工单填写完整，书写认真、规范	实训工单填写不完整，每处扣2分；书写不认真、规范，扣5～10分	10
总分			100

二、考核评价反馈工单

考核评价反馈工单见表1-1-3。

表1-1-3 考核评价反馈工单

<table>
<tr><td>实训任务名称</td><td colspan="3">安全用电知识认知</td><td>时间</td><td></td><td>地点</td><td></td></tr>
<tr><td>班级</td><td></td><td>姓名</td><td></td><td>学号</td><td colspan="3"></td></tr>
<tr><td>实训小组</td><td></td><td>组长</td><td></td><td>成员</td><td colspan="3"></td></tr>
<tr><td colspan="4">自评分数：________
学生签字：________</td><td colspan="4">学生任务完成过程中遇到的问题、难点记录：</td></tr>
<tr><td colspan="4">小组评分：________
组长签字：________</td><td colspan="4">组长对组员任务完成情况记录：</td></tr>
<tr><td colspan="4">教师评分：________
教师签字：________</td><td colspan="4">教师点评与反馈：</td></tr>
<tr><td colspan="4" rowspan="2">实训任务成绩：
自评（20%）＋小组（20%）＋教师（60%）</td><td colspan="3">实训综合成绩</td><td></td></tr>
<tr><td colspan="3">评定日期</td><td>年 月 日</td></tr>
</table>

任务二　电气火灾应急处理

实训目标

(1)了解发生电气火灾的原因及预防措施。
(2)掌握火灾逃生、疏散和报警灯基本知识。
(3)会使用干粉灭火器、二氧化碳灭火器灭火。
(4)掌握火灾逃生的基本技能。
(5)能进行安全文明生产,具有团队合作的精神,具有一定的组织协调能力。
(6)具有学习资料查询、整理和总结的能力。

实训准备

干粉灭火器、二氧化碳灭火器等。

相关知识

一、造成电气火灾的主要原因

视频
电气火灾及预防

电气火灾是指由电气原因引发燃烧而造成的灾害。短路、过载、漏电等电气事故都可能导致电气火灾。设备自身缺陷,施工安装不当,电气接触不良,雷击静电引起的高温,电弧和电火花等是导致电气火灾的直接原因。周围存放易燃易爆物是电气火灾发生的环境条件。电气火灾产生的直接原因有以下几方面:

1. 设备或电路发生短路故障

电气设备由于绝缘损坏、电路年久失修、操作人员疏忽大意和操作失误及设备安装不合格等将造成短路故障,其短路电流可达正常电流的几十倍甚至上百倍,产生的热量使温度上升超过其自身或周围可燃物的燃烧点引起燃烧,从而导致火灾。

2. 过载引起电气设备过热

选用电路或设备不合理,电路的负载电流超过了导线的额定安全载流量;电气设备长期过载,引起电路或设备过热而导致火灾。

3. 接触不良引起过热

如接头连接不牢或不紧密、触点压力过小等使接触电阻过大,引起接触部位过热而导致火灾。

4. 通风散热不良

大功率设备缺少通风散热设施或通风散热设施损坏造成过热而导致火灾。

5. 电器使用不当

如电炉、电熨斗、电烙铁等未按要求使用,或用后忘记断开电源,引起过热而导致火灾。

6. 电火花和电弧

有些电气设备正常运行时就会产生电火花、电弧,如大容量开关和接触器触点的分、合操作,都会产生电弧和电火花。电火花温度可达数千摄氏度,遇可燃物便可点燃,遇可燃气体就会发生爆炸。

7. 易燃易爆环境

日常生活和生产的各个场所中，广泛存在着易燃易爆物质，如石油液化气、煤气、天然气、汽油、柴油、酒精、棉、麻、化纤织物、木材、塑料等。另外，一些设备本身可能会产生易燃易爆物质，如设备的绝缘油在电弧作用下分解和汽化，喷出大量油雾和可燃气体；酸性电池排出氢气并形成爆炸性混合气体等。一旦这些易燃易爆环境遇到电气设备和电路故障导致的火源，便会立刻着火燃烧。

二、预防电气火灾的主要措施

1. 正确选用保护装置

(1)对正常运行条件下可能产生电热效应的设备采用隔热、散热、强迫冷却等结构，并注重耐热、防火材料的使用。

(2)按规定要求设置包括短路、过载、漏电保护设备的自动断电保护。对电气设备和电路正确设置接地、接零保护，为防雷电安装避雷器及接地装置。

(3)根据使用环境和条件正确选择电气设备。恶劣的自然环境和有导电尘埃的地方应选择有抗绝缘老化功能的产品，或增加相应的措施，易燃易爆场所则必须使用防爆电气产品。

2. 正确安装电气设备

(1)合理选择安装位置。对于易爆炸危险场所，应该考虑把电气设备安装在易爆炸危险场所以外或爆炸危险性较小的部位。开关、插座、熔断器、电热器具、电焊设备或电动机等应根据需要，尽量避开易燃物或易燃建筑构件，起重机滑触线下方不应堆放易燃品，露天变、配电装置，不应设置在易于沉积可燃性粉尘或纤维的地方等。

(2)保持必要的防火距离。对于在正常工作时能够产生电弧或电火花的电气设备，应使用灭火材料将其全部隔围起来，或将其与可能被引燃的物料，用耐电弧材料隔开，或与可能引起火灾的物料之间保持足够的距离，以便安全灭弧。安装和使用有局部热聚焦或热集中的电气设备时，在局部聚焦或热集中的方向与易燃物料必须保持足够的距离，以防引燃。电气设备周围的防护屏障材料，必须能承受电气设备产生的高温。应根据具体情况选择不可燃、阻燃材料或在可燃性材料表面喷涂防火涂料。

3. 保持电气设备正常运行

(1)正确使用电气设备，是保证电气设备正常运行的前提，因此应该按照使用说明书的规定操作电气设备，严格执行操作规程。

(2)保持电气设备的电压、电流、温升等不超过允许值。保持各导电部分连接可靠，接地良好。

(3)保持电气设备的绝缘良好，保持电气设备的清洁，保持良好通风。

三、火灾发生后的应急处理

火灾发生后，应当根据火灾的具体情况，并根据自身条件选择适当的处理方式，主要有逃生、报警、避难引导和灭火等。

1. 逃生

逃生人员首先需要随时注意安全通道。当火灾发生的时候，首先要想好逃生的路线。由于火场中的浓烟是致命的杀手，在有浓烟的情况下逃生人员需要做到：低姿势——沿着墙角爬行，通过安全通道寻找安全出口，并使用湿毛巾或手帕捂住口鼻，避免吸入浓烟以及有毒气体。逃生人员如果无法靠自己的力量逃离火灾现场，可以选择避难待救。

2. 报警

一般情况下，发生火灾后应当同时进行报警和灭火。当火灾发生现场只有一个人时，应该一边呼救，一边进行处理，必须赶快报警。拨通报警电话后，应沉着、准确地讲清起火单位、所在地区、街道、房屋门牌号、着火部位、燃烧物是什么、火势大小、报警人姓名及电话等。

3. 避难引导

当确认火灾发生后，如果火灾现场人员较多，为避免拥挤发生踩踏事故，或者盲目避难等现象，需要自发形成避难引导人员，可以组织人群安全撤离火灾现场。引导人员应当根据火灾现场实际情况，选择最佳的逃生路线。

4. 灭火

当火灾发生时，如果火势不大，尚未对人造成威胁，且周围有足够的消防器材，如灭火器等，应奋力将小火控制、扑灭。千万不要惊慌失措，酿成大灾。

室内着火，如果当时门窗紧闭，一般来说不应急于打开门窗，因为门窗紧闭，空气不流通，室内供氧不足，火势发展缓慢，一旦门窗打开，大量的新鲜空气涌入，火势就会迅速发展，不利于扑救。

(1)使用干粉灭火器扑灭电气火灾。干粉灭火器适用于扑救各种易燃、可燃液体和易燃、可燃气体火灾，以及电气设备的初起火灾。干粉灭火器如图 1-2-1(a)所示。使用干粉灭火器时，首先打开保险销，一只手把喷嘴对准火源，另一只手将压把用力按下，干粉便会从喷嘴喷射出来，干粉灭火器的使用方法如图 1-2-2 所示。干粉灭火器需要每年检查一次干粉是否结块，每年检查一下压力，发现结块应立即更换，压力小于规定值时应及时充气、检修。

(a) 干粉灭火器　　(b) 二氧化碳灭火器

图 1-2-1　灭火器

(2)使用二氧化碳灭火器扑灭电气火灾。二氧化碳灭火器主要适用于扑救额定电压低于 600 V 的电气设备、仪器仪表、油脂及酸类物质的初起火灾，但不适应于扑灭金属钾、钠、镁、铝的燃烧，二氧化碳灭火器如图 1-2-1(b)所示。使用二氧化碳灭火器时，应首先将灭火器提到起火地点，放下灭火器，拔出保险销，一只手握着喇叭筒根部的手柄，另一只手紧握启闭阀的压把，气体即可喷出。使用时，不能直接用手抓住喇叭筒外壁或金属连接管，防止手被冻伤。若在室外使用，则应选择上风方向喷射；若在室内狭小空间使用，灭火后操作者应迅速离开，以防窒息。二氧化碳灭火器的使用方法如图 1-2-3 所示。

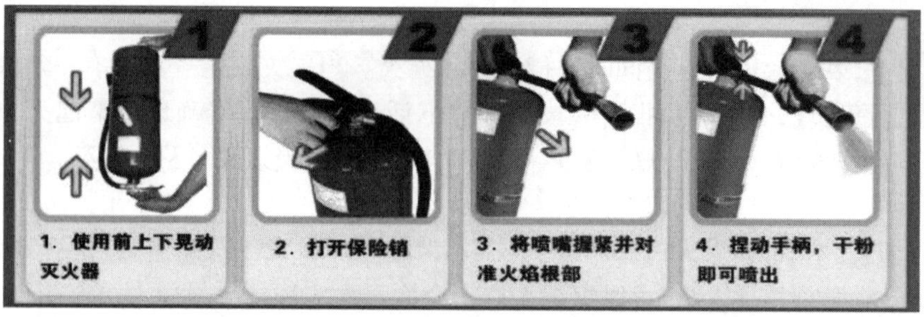

图 1-2-2　干粉灭火器的使用方法

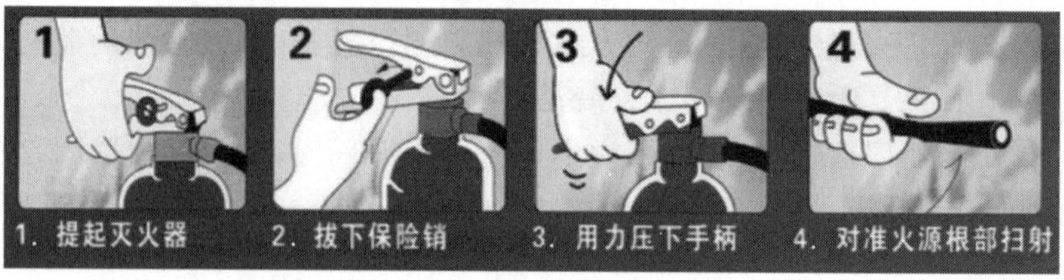

图 1-2-3　二氧化碳灭火器的使用方法

学习笔记

技能训练

实训工单见表1-2-1。

表1-2-1　电气火灾应急处理实训工单

实训任务名称	电气火灾应急处理			时间		地点	
班级		姓名		学号			
实训小组		组长		成员			

（一）引导问题

学习中国国家电网及其他学习平台中“电气防火”及“应急处理”的相关知识，以图或表格的形式，总结电气防火知识和应急处理的方法。

（二）实训任务

实训任务　火灾现场的应急处理演练

在确保安全和防止污染的前提下，模拟电气柜火灾现场。分组研讨设计逃生、报警、避难引导、灭火环节，并具体实施，演练内容记录在表1中。

表1　火灾现场应急处理演练记录单

序号	内容	环节	记录内容
1	逃生	设计逃生线路	
		逃生步骤	
		避难待救	
2	报警	拨打报警电话	
		拨打电话内容	
3	避难引导	设计避难引导点	
		避难引导内容	
4	灭火	灭火方式	
		操作步骤	

考核评价与反馈

一、评价标准

考核评价标准见表 1-2-2。

表 1-2-2　考核评价标准

评价项目	评价内容	评价标准	分数
综合素养	工作现场整理、整顿	整理、整顿不到位，扣 5 分	30
	操作遵守安全规范要求	违反安全规范要求，每次扣 5 分	
	遵守纪律，工作参与积极性和主动性	不遵守教学纪律，有迟到、早退等违纪现象，每次扣 2 分；参与不积极主动，扣 5 ~ 10 分	
实训工作过程	引导问题知识清楚、明确	内容错误，每项扣 2 分；内容不充实、总结不全面，扣 5 ~ 10 分	20
	掌握火灾应急处理的基本知识，按要求积极参加应急演练，完整记录演练环节和内容	不能采用正确方法，扣 5 ~ 10 分；消防器材选用错误，每次扣 10 分；操作不正确，每次扣 5 ~ 10 分	40
实训结果	实训工单填写完整，书写认真、规范	实训工单填写不完整，每处扣 2 分；书写不认真、规范，扣 5 ~ 10 分	10
总分			100

二、考核评价反馈工单

考核评价反馈工单见表 1-2-3。

表 1-2-3　考核评价反馈工单

<table>
<tr><td>实训任务名称</td><td colspan="3">电气火灾应急处理</td><td>时间</td><td></td><td>地点</td><td></td></tr>
<tr><td>班级</td><td></td><td>姓名</td><td></td><td>学号</td><td colspan="3"></td></tr>
<tr><td>实训小组</td><td></td><td>组长</td><td></td><td>成员</td><td colspan="3"></td></tr>
<tr><td colspan="4">自评分数：________
学生签字：________</td><td colspan="4">学生任务完成过程中遇到的问题、难点记录：</td></tr>
<tr><td colspan="4">小组评分：________
组长签字：________</td><td colspan="4">组长对组员任务完成情况记录：</td></tr>
<tr><td colspan="4">教师评分：________
教师签字：________</td><td colspan="4">教师点评与反馈：</td></tr>
<tr><td colspan="4" rowspan="2">实训任务成绩：
自评（20%）+ 小组（20%）+ 教师（60%）</td><td colspan="3">实训综合成绩</td><td></td></tr>
<tr><td colspan="3">评定日期</td><td>年　月　日</td></tr>
</table>

项目二
配电盘的装配

任务一　检查与测量交流电源

实训目标

(1)能够根据实际工作现场情况选用电工工具。

(2)会使用万用表检查三相电源。

(3)会用万能转换开关和电压表测量三相电压。

(4)能进行安全文明生产,具有团队合作的精神,具有一定的组织协调能力。

(5)具有学习资料查询、整理和总结的能力。

实训准备

电工实训电气柜(电工实训工作台),电源检查与测量工具、仪表:试电笔、万用表、十字槽螺丝刀、一字槽螺丝刀、钢丝钳、尖嘴钳、电工刀、剥线钳、万能转换开关、交流电压表、导线若干等。

相关知识

一、常用电工工具

1. 螺丝刀

螺丝刀又称起子、改锥,是电工最常用的基本工具之一,用来拆卸、紧固螺钉。螺丝刀由金属杆头和绝缘柄组成,按金属杆头部形状,可以分成一字槽(见图2-1-1)和十字槽(见图2-1-2)。

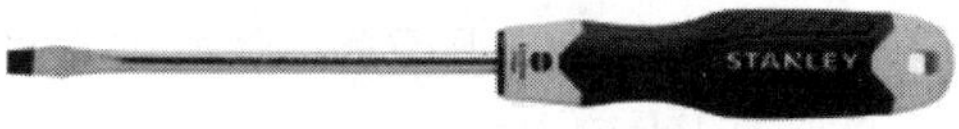

图2-1-1　一字槽螺丝刀

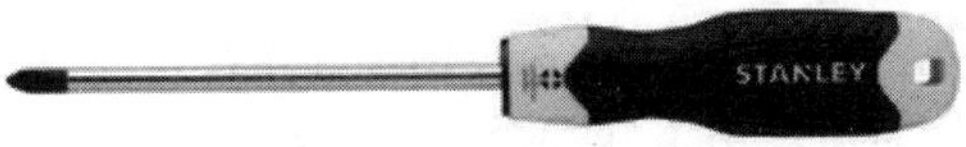

图2-1-2　十字槽螺丝刀

螺丝刀使用时应注意以下事项:

(1)螺丝刀拆卸和紧固带电的螺钉时,手不得触及螺丝刀的金属杆,以免发生触电事故。

(2)为了避免金属杆触及手部及邻近带电体,应在金属杆上套上绝缘管。

(3)使用螺丝刀时,应按螺钉的规格选择合适的刀口,“以大代小,以小代大”均会损坏螺钉或电气元件。

2. 剥线钳

剥线钳是用于剥削小直径导线绝缘层的工具，具有使用方便、绝缘切口整齐、不损伤线芯等特点。其外形如图 2-1-3 所示。使用时，先把导线放入相应切口，然后用手将钳柄一握，导线的绝缘层即被割破并自动弹出。

3. 钢丝钳

钢丝钳常称为钳子，是钳夹和剪切工具，其外形如图 2-1-4 所示。电工用的钢丝钳钳柄上套有耐压 500 V 以上的绝缘管。

图 2-1-3　剥线钳

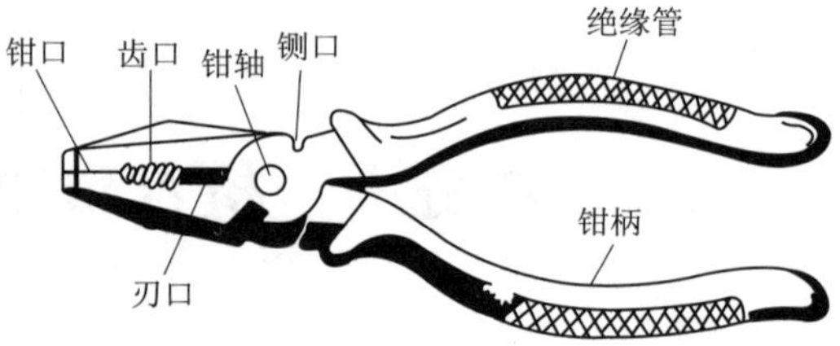

图 2-1-4　钢丝钳

在使用钢丝钳时应注意以下几个问题：

(1)勿损坏绝缘手柄，并注意防潮。

(2)要保持钢丝钳清洁，钳轴要经常加油，防止生锈。

4. 尖嘴钳

尖嘴钳的外形与钢丝钳相似，只是其头部尖细。尖嘴钳外形如图 2-1-5 所示。电工维修人员应选用带有绝缘手柄且耐压在 500 V 以上的尖嘴钳。尖嘴钳使用注意事项与钢丝钳相同。

5. 电工刀

电工刀是电工在装配维修工作时用于割削电线绝缘外皮、绳索、木桩、木板等物品的工具。电工刀的结构与普通小刀相似，它可以折叠。还有一种多用途电工刀，其上有刀片、锯片和锥针，不但可以削电线，还可以锯割电线槽板，锥钻底孔，使用起来非常方便。电工刀外形如图 2-1-6 所示。

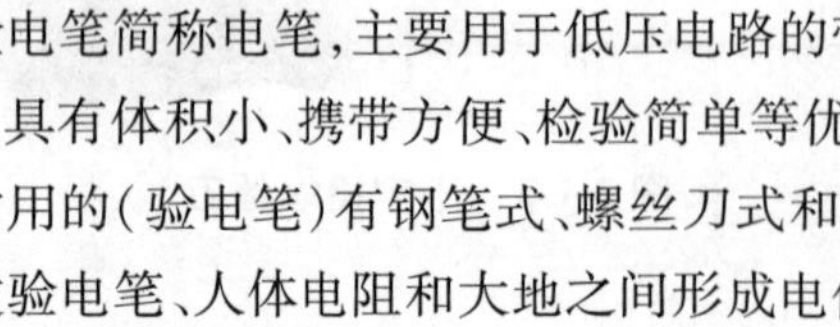

图 2-1-5　尖嘴钳

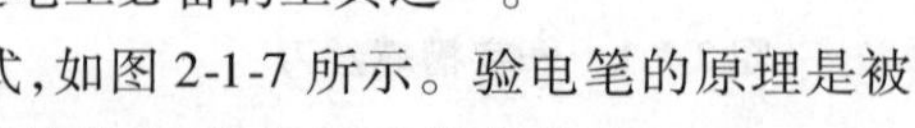

图 2-1-6　电工刀

6. 验电笔

验电笔简称电笔，主要用于低压电路的带电状态判断和故障排查。其检测电压范围为 60 ~ 500 V，具有体积小、携带方便、检验简单等优点，是电工必备的工具之一。

常用的(验电笔)有钢笔式、螺丝刀式和数显式，如图 2-1-7 所示。验电笔的原理是被测带电体通过验电笔、人体电阻和大地之间形成电位差，利用氖管发光指示带电状态。

验电笔使用方法：

(1)使用前，应将验电笔在确认由电源部分测试氖管能否正常发光，确认完好后方能使用，严防发生事故。

(2)测试时，手必须触及笔身上的金属夹或铜铆钉，不能触及笔尖上的金属部分(防止触

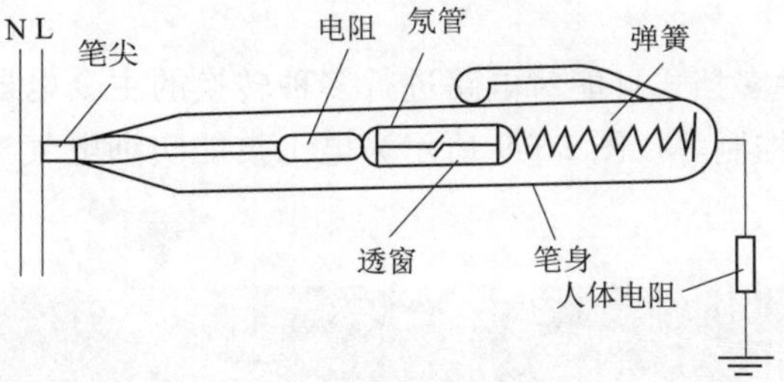

（a）钢笔式低压验电笔

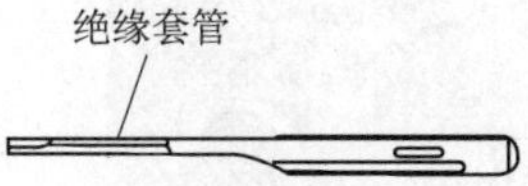

（b）螺丝刀式验电笔

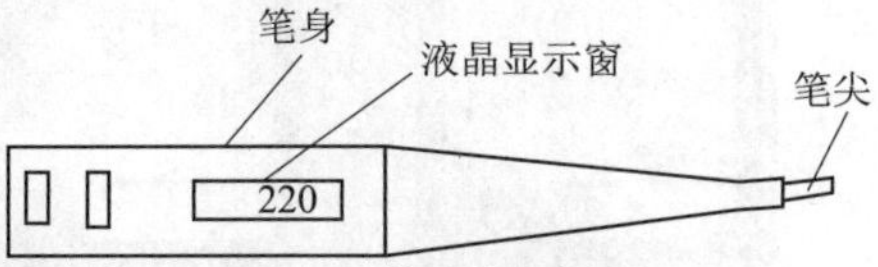

（c）数显式验电笔

图 2-1-7 验电笔

电），并使窗口面向自己，便于观察。

（3）如果验电笔氖管发光微弱，切不可就断定带电体电压不够高，也许是验电笔或带电体测试点有污垢，这时必须擦干净验电笔或者重新选测试点，反复测试后，氖管仍然不亮或者微亮，才能最后确定测试体确实不带电。

二、数字式万用表

万用表是一种多用途、多量程的综合性电工测量仪表，可以测量交直流电压、交直流电流、电阻等。数字式万用表如图 2-1-8 所示。具体使用方法如下：

图 2-1-8 数字式万用表

1. 直流电压、交流电压的测量

先将黑表笔插入 COM 插孔，红表笔插入 VΩ 插孔，然后将功能开关置于 DCV（直流）或 ACV（交流）量程，并将测试表笔连接到被测源两端，显示器将显示被测电压值。如果显示器只显示“1”，表示超量程，应将功能开关置于更高的量程。

2. 直流电流、交流电流的测量

先将黑表笔插入 COM 插孔，红表笔插入 mA 或 A 插孔，根据测量电流大小不同，选用不同量程，再将功能开关置于 DCA 或 ACA 量程，将测试表笔串联接入被测电路，显示器即显示被测电流值。

3. 电阻的测量

先将黑表笔插入 COM 插孔，红表笔插入 VΩ 插孔，然后将功能开关置于 Ω 量程，将两表笔连接到被测电路上，显示器将显示出被测电阻值。注意测量在线电阻时，必须确认被测电路已经关闭电源，方能进行测量。

数字式万用表使用时应注意以下事项：

（1）正确选择量程和红黑表笔插孔，对未知电量进行测量时，应首先把量程调到最大，然后从大往小调，直到合适为止。

（2）禁止用电阻挡或电流挡测电压。

（3）改变量程时，表笔应与被测点断开。

（4）不测量时应及时关断电源，电源开关置于“OFF”位置。

三、万能转换开关

万能转换开关是一种多挡式且能对电路进行多种转换的主令电器，用于电气测量仪表的转换开关、小容量电动机的控制等。图 2-1-9 所示为电工技能实训电气柜电源面板，可以用来监测电路有无缺相运行。

图 2-1-9　电工技能实训电气柜电源面板

万能转换开关和电压表测量三相线电压的接线原理如图 2-1-10 所示。

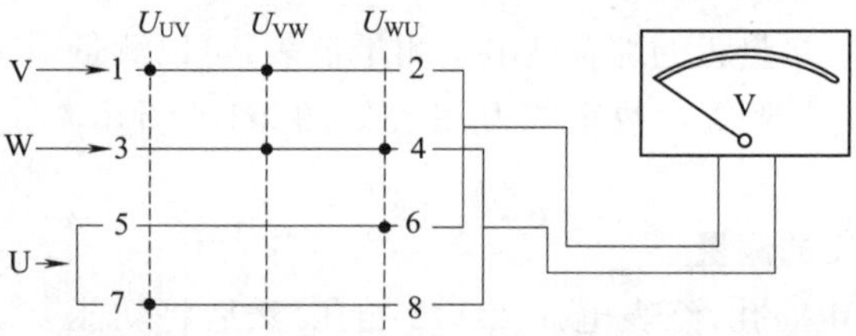

图 2-1-10　万能转换开关和电压表测量三相线电压的接线原理

学习笔记

技能训练

实训工单见表 2-1-1。

表 2-1-1　检查与测量交流电源实训工单

实训任务名称	检查与测量交流电源			时间		地点	
班级		姓名		学号			
实训小组		组长		成员			

(一)引导问题

写出三相四线制电源电路线电压、相电压的表示方法及其大小关系。

(二)实训任务

实训任务 1　用试电笔测试五孔插座

用试电笔测量带电五孔插座,判断每个插孔对应电源接线端,把结果填写在相应括号里,如图 1 所示。

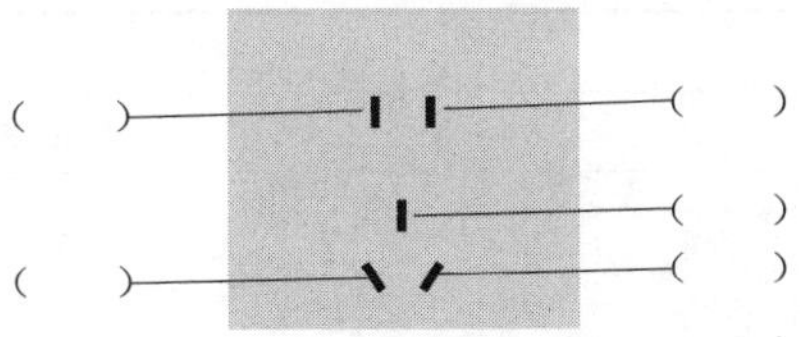

图 1　电气柜电源接线端

实训任务 2　用万用表检查与测量三相电源

图 2 是实训电气柜三相交流电源输出端,完成以下实训任务。

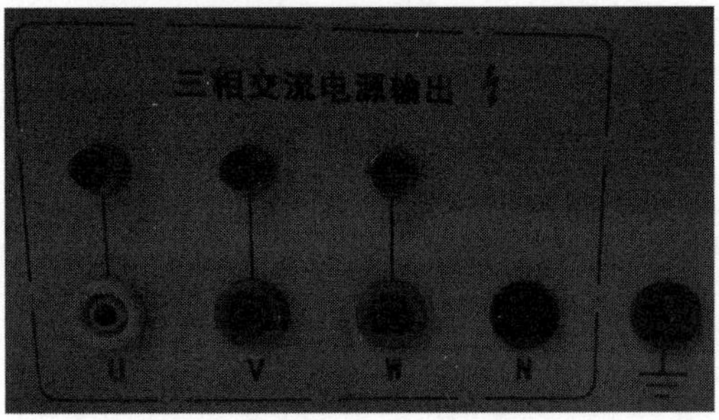

图 2　实训电气柜三相交流电源输出端

(1)写出图 2 中电源相线(火线)、中性线(零线)、接地端。

U 为________线,V 为________线,W 为________线,N 为________线,接地端符号为________________。

(2)按下电气柜电源面板上的启动按钮,接通电源,观察三相交流电源输出指示灯的情况,并用万用表测量线电压和相电压,记录测量数值,判断三相电源是否缺相。如果电源缺相,在教师指导下,检查并排除电源故障。将检查与测量结果记录在表1中。

表1 万用表检查与测量三相电源记录表

线电压/V			相电压/V			是否缺相	故障排除记录
U_{UV}	U_{VW}	U_{WU}	U_{UN}	U_{VN}	U_{WN}		

实训任务3 万能转换开关和电压表测量三相电源电压

(1)电气元件。电气元件明细表见表2。

表2 电气元件明细表

序号	名称	型号或规格	数量	备注
1	万能转换开关	LW42A2-2813/LF305	1	
2	交流电压表	0~450 V	1	

(2)接线。正确使用电工工具,按图2-1-10电路原理图接线。

(3)检查与调试。接线完成后,用万用表检查一下是否短路,在确定接线正确无误后,可以按下电源面板上的启动按钮接通电源。

电源启动后,分别将万能转换开关旋到 U_{UV}、U_{VW}、U_{WU} 三相,记录电压表测量数据,根据测量数据,判断三相电源是否缺相,并在教师指导下排除故障。将检查与测量结果记录在表3中。

表3 万能转换开关与电压表测量三相电源记录表

线电压			电源故障与排除	
U_{UV}/V	U_{VW}/V	U_{WU}/V	是否缺相	故障排除记录

考核评价与反馈

一、考核评价标准

考核评价标准见表2-1-2。

表2-1-2 考核评价标准

评价项目	评价内容	评价标准	分数
综合素养	工作现场整理、整顿	整理、整顿不到位,扣5分	30
	操作遵守安全规范要求	违反安全规范要求,每次扣5分	
	遵守纪律,工作参与积极性和主动性	不遵守教学纪律,有迟到、早退等违纪现象,每次扣2分;参与不积极主动,扣5~10分	

续表

评价项目	评价内容	评价标准	分数
实训工作过程	引导问题知识清楚、明确	回答错误，每处扣2分	10
	试电笔测试使用规范，测试结果正确	使用不规范，扣10分；测试结果不正确，每处扣2分	10
	万用表使用规范，测试结果准确，能在教师指导下排除故障	万用表使用不规范，扣5分；测试结果不正确，每处扣2分；不能排除故障，扣5分	20
	工具选择使用正确，电路接线规范，测量结果准确	工具选择、使用不规范，每次扣2分；接线错误，每处扣2分；测量结果不准确，每项扣2分	20
实训结果	实训工单填写完整，书写认真、规范	实训工单填写不完整，每处扣2分；书写不认真、规范，扣5～10分	10
总分			100

二、考核评价反馈工单

考核评价反馈工单见表2-1-3。

表2-1-3　考核评价反馈工单

<table>
<tr><td>实训任务名称</td><td colspan="3">检查与测量交流电源</td><td>时间</td><td></td><td>地点</td><td></td></tr>
<tr><td>班级</td><td></td><td>姓名</td><td></td><td>学号</td><td colspan="3"></td></tr>
<tr><td>实训小组</td><td></td><td>组长</td><td></td><td>成员</td><td colspan="3"></td></tr>
<tr><td colspan="4">自评分数：________
学生签字：________</td><td colspan="4">学生任务完成过程中遇到的问题、难点记录：</td></tr>
<tr><td colspan="4">小组评分：________
组长签字：________</td><td colspan="4">组长对组员任务完成情况记录：</td></tr>
<tr><td colspan="4">教师评分：________
教师签字：________</td><td colspan="4">教师点评与反馈：</td></tr>
<tr><td colspan="4" rowspan="2">实训任务成绩：
自评（20%）+小组（20%）+教师（60%）</td><td colspan="2">实训综合成绩</td><td colspan="2"></td></tr>
<tr><td colspan="2">评定日期</td><td colspan="2">年　月　日</td></tr>
</table>

任务二　安装电表箱

实训目标

（1）掌握单相电能表、三相有功电能表的基本结构和接线方式。

(2)会识读单相电能表、三相有功电能表的电气参数。

(3)会安装电表箱,规范完成电表箱接线。

(4)能进行安全文明生产,具有团队合作的精神,具有一定的组织协调能力。

(5)具有学习资料查询、整理和总结的能力。

实训准备

万用表、十字槽螺丝刀、一字槽螺丝刀、钢丝钳、尖嘴钳、电工刀、剥线钳、电表箱、三相四线有功电能表、导线等。

相关知识

一、电能表

电能表俗称电度表,用来对用电设备进行电能测量,是组成低压配电盘或配电箱的主要电气设备,分为单相电能表和三相电能表,分别用于单相及三相交流系统中电能的计量。

1. 单相电能表

1)单相感应式电能表

(1)结构。单相感应式电能表外形图如图 2-2-1 所示,结构原理图如图 2-2-2 所示。

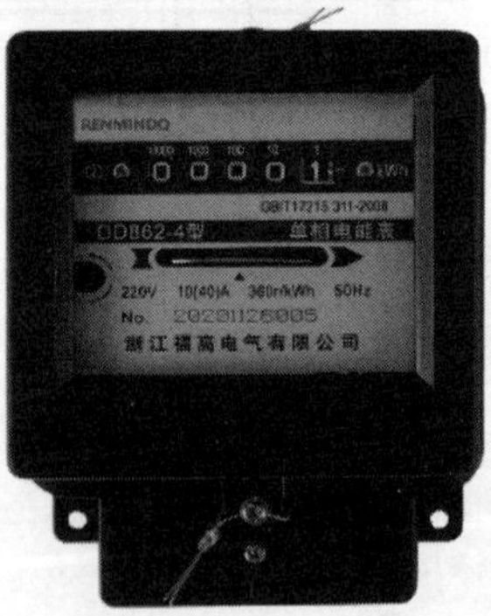

图 2-2-1　单相感应式电能表外形图

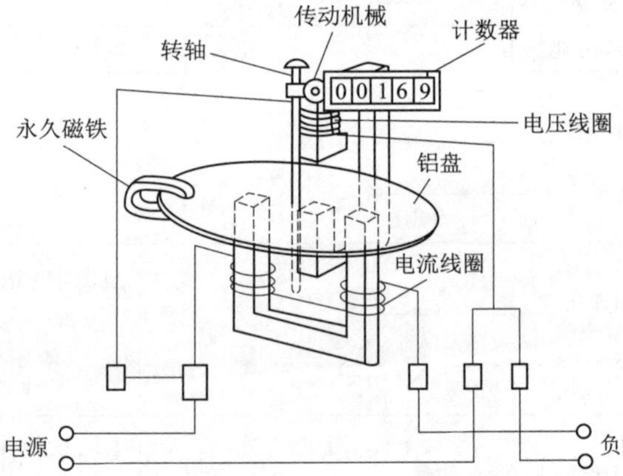

图 2-2-2　单相感应式电能表结构原理图

①电磁机构。这是电能表的核心部分,它由两组线圈和各自的磁路组成。一组线圈称为电流线圈,它与被测负载串联,工作时流过负荷电流;另一组线圈与电源并联,称为电压线圈。电能表工作时,两组线圈产生的磁通同时穿过铝盘,在这些磁通的共同作用下,铝盘受到一个正比于负载功率的转矩,使铝盘开始转动。其转速与负载功率成正比。铝盘通过齿轮机构带动计数器,可直接显示用电量。

②计数器。它是电能表的指示机构,又称积算器,用电量的多少,最终由它指示出来。

③传动机构。传动机构是电磁机构和积算器之间的各种传动部件。由齿轮、蜗轮及蜗杆组成。铝盘的转数通过这一部分在计数器上显示出来。

④制动机构。制动机构是一块可以调整的永久磁铁。电能表正常工作时,铝盘受到一个转矩,此时会产生一个加速度,若不靠永久磁铁的制动转矩,铝盘会越转越快。当制动转矩与电磁转矩平衡时,铝盘保持匀速转动。

⑤其他部分。包括各种调节校准机构、支架、轴承、接线端子等。它们是电能表的辅助部分，但也是保证电能表正常工作必不可少的。

(2)接线方式。单相电能表有四个接线孔，两个接进线，两个接出线。按照进出线的不同，单相电能表可分为顺入式和跳入式接线，跳入式接线方式如图 2-2-3 所示。

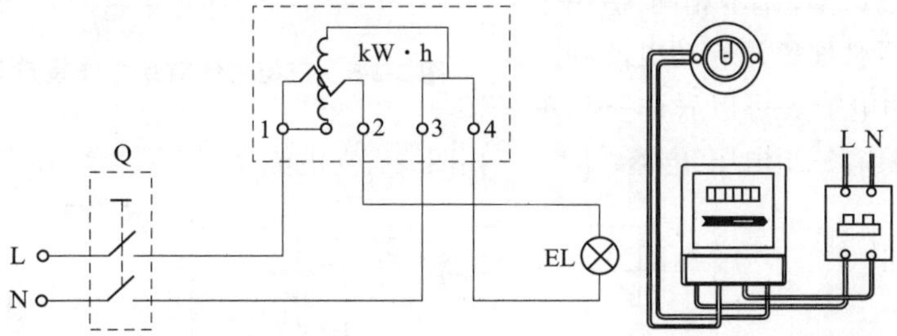

图 2-2-3　单相电能表接线图

对于一个具体的电能表，在使用说明书上都有说明，一般在接线端盖的背后也印有接线图。另外，还可以用万用表的电阻挡来判断电能表的接线。电能表的电流线圈串接在相线上，它的导线粗，匝数少，电阻近似为零；电压线圈并联在输入电压上，导线细，匝数多，电阻值很大，因此很容易把它们区分开来。

2)单相电子式电能表

目前使用较多的是单相电子式电能表。单相电子式电能表外形结构及接线如图 2-2-4 所示，DDS606 型单相电子式电能表是按照 GB/T 17215.321—2021 标准生产的，主要电气参数如下。

(1)额定电压。220 V：表示电能表的额定工作电压为 220 V，适用于单相交流电路。

(2)额定频率。50 Hz：电能表适用于额定频率为 50 Hz 的交流电网。

(3)额定电流。2.5(10)A：2.5 A 表示电能表长期稳定运行的基准电流值；10 A 表示电能表允许短时通过的最大电流，超过此值可能触发过载保护或损坏电表。

(4)电能表常数(脉冲常数)。6 400 imp/kWh：每消耗 1 kW·h(1 度电)，电能表脉冲指示灯闪烁 6 400 次。

图 2-2-4　单相电子式电能表外形结构及接线

2. 三相有功电能表

三相有功电能表用来测量三相交流电路中电源输出(或负载消耗)的电能。三相有功电能表分为三相三线有功电能表和三相四线有功电能表。

1)三相三线有功电能表

三相三线有功电能表适用于三相三线对称或不对称负载有功电能的计量，可以将这种电能表看成两只单相电能表的组合，它具有两组电压、电流线圈。三相三线有功电能表的读数直接反映了三相负载所消耗的电能。三相三线有功电能表直入式接线方式如图 2-2-5 所示。

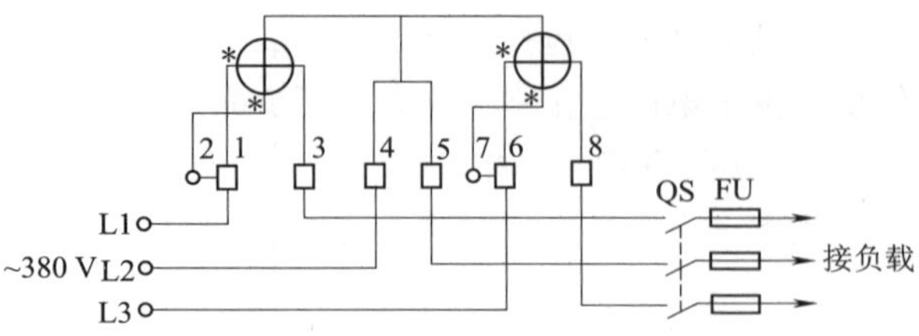

图 2-2-5　三相三线有功电能表直入式接线方式

2)三相四线有功电能表

三相四线有功电能表的工作原理和单相有功电能表的工作原理基本相同,适用于三相四线对称或不对称负载有功电能的计量。三相四线有功电能表可以看作三只单相电能表的组合,具有三组电压、电流线圈。三相四线有功电能表直入式接线方式如图 2-2-6 所示。

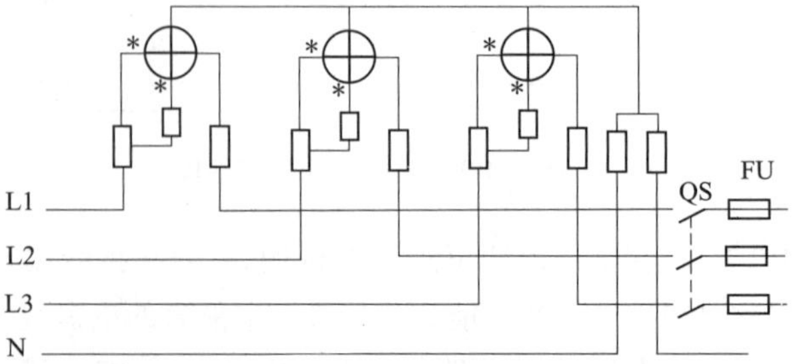

(a)三相四线有功电能表直入式接线方式原理图

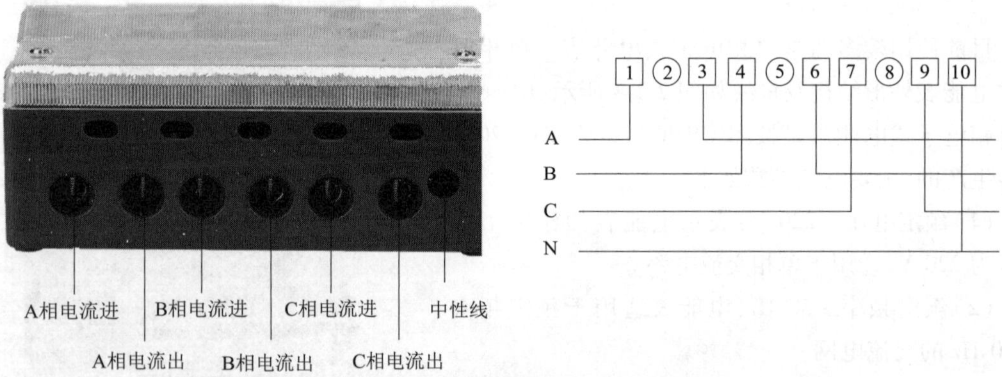

(b)三相四线有功电能表直入式接线方式实物图

图 2-2-6　三相四线有功电能表直入式接线方式

二、电能表的安装要求

(1)电能表应安装在清洁、干燥的场所,周围不能有腐蚀性或可燃性气体,不能有大量的灰尘,不能靠近强磁场,与热力管应保持 0.5 m 以上的距离,环境温度应在 0 ~ 40 ℃之间。

(2)明装电能表距地面应在 1.8 ~ 2.2 m 之间,暗装电能表距地面应不低于 1.4 m。装于立式盘和成套开关柜时,距地面不应低于 0.7 m。电能表应固定在牢固的地方,避免因外界因素导致电表掉落损坏。

(3)电能表应垂直安装,垂度偏差不应大于 2°。

(4)电能表配合电流互感器使用时,电能表的电流回路应选用截面积不小于 2.5 mm^2 的单股绝缘铜芯导线,电压回路应选用截面积不小于 1.5 mm^2 单股绝缘铜芯导线,中间不能有接头,不能设开关与熔断器,所有压接螺钉要拧紧,导线端头要有清楚而明显的编号,互感器二次绕组的一端要接地。

三、电能表的安全要求

（1）电能表的选择要使它的型号和结构与被测的负荷性质和供电制式相适应，它的电压额定值要与电源电压相适应，电流额定值要与负荷相适应。

（2）要弄清电能表的接线方法，然后再接线。接线一定要细心，接好后仔细检查。如果发生接线错误，轻则造成计量不准或电能表指针反转，重则导致烧表，甚至危及人身安全。

（3）配用电流互感器时，电流互感器的二次侧在任何情况下都不允许开路。二次侧的一端应良好接地。接在电路中的电流互感器如暂时不用时，应将二次侧短路。

（4）容量在 250 A 及以上的电能表，需要加装专用的接线端子，以备校表之用。

四、电能表箱体内配线工艺要求

（1）配线长短适度，线头在接线端子上压接不得压住绝缘层，压线时用力不宜过大，以免伤线。压坏的导线应重新更换。

（2）线头压接牢固，稍用力拉扯不应有松动感。

（3）走线横平竖直，分布均匀，表箱内接线弯角必须是 90°的直角，弯曲部分自然圆滑，弧度全电路保持一致。

（4）配线应成把成束，排列整齐、美观，必要时用线卡固定。

学习笔记

技能训练

实训工单见表2-2-1。

表 2-2-1　安装电表箱实训工单

实训任务名称	安装电表箱		时间		地点	
班级		姓名		学号		
实训小组		组长		成员		

(一)引导问题

(1)平常人们所说的1度电,表示消耗多少电能?

(2)交流电路有功功率的含义及其测量方法是什么?

(二)实训任务

实训任务1　识读并记录电表箱内单相电能表的电气参数

(1)电压:____________________。

(2)电流:____________________。

(3)频率:____________________。

(4)电能表常数:________________。

实训任务2　安装电表箱

图1是电表箱安装示意图,按照电能表的安装要求完成电表箱内单相电能表的安装,预留进户内配电箱的导线。

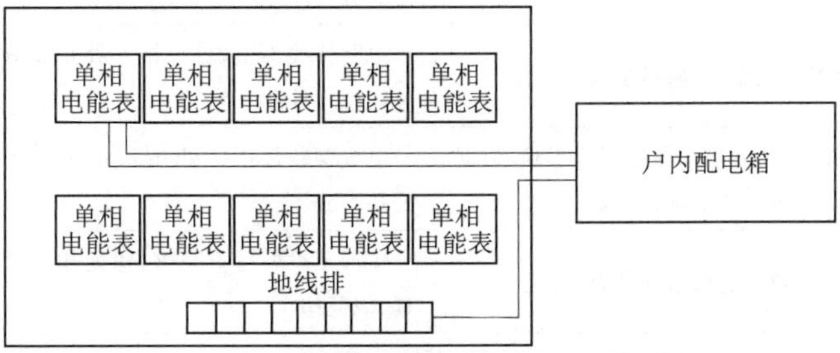

图1　电表箱安装示意图

拓展实训任务　安装三相四线有功电能表

1. 识读并记录三相四线有功电能表电气参数

(1)电压:____________________。　(2)电流:__________________________。

(3)频率:____________________。　(4)电能表常数:____________________。

2. 按图2-2-6所示直入式接线方式,完成图2所示三相四线有功电能表接线。

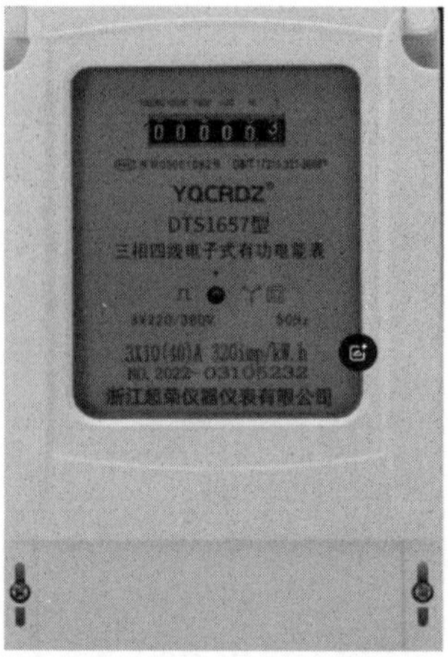

图2　三相四线有功电能表

考核评价与反馈

一、评价标准

考核评价标准见表2-2-2。

表2-2-2　考核评价标准

评价项目	评价内容	评价标准	分数
综合素养	工作现场整理、整顿	整理、整顿不到位,扣5分	30
	操作遵守安全规范要求	违反安全规范要求,每次扣5分	
	遵守纪律,工作参与积极性和主动性	不遵守教学纪律,有迟到、早退等违纪现象,每次扣2分;参与不积极主动扣5~10分	
实训工作过程	引导问题知识清楚、明确	回答错误,每项扣2分	20
	单相电能表电气参数识读正确,记录书写认真、规范	电气参数识读,每错一项扣2分;书写不认真扣2分	10
	电表箱安装电路正确,符合安装规范	电路接线不正确,每错一处扣2分;不符合安装规范每处扣5分	30
	三相四线电能表电气参数识读正确,数据记录规范;安装接线准确、规范	电气参数每错一处扣2分;接线错误,每错1处扣5分	20
实训结果	实训工单填写完整,书写认真、规范	实训工单填写不完整,每处扣2分;书写不认真、规范扣5~10分	10
总分(拓展任务在总分基础上赋分)			120

二、考核评价反馈工单

考核评价反馈工单见表 2-2-3。

表 2-2-3　考核评价反馈工单

<table>
<tr><td>实训任务名称</td><td colspan="3">安装电表箱</td><td>时间</td><td></td><td>地点</td><td></td></tr>
<tr><td>班级</td><td></td><td>姓名</td><td></td><td>学号</td><td colspan="3"></td></tr>
<tr><td>实训小组</td><td></td><td>组长</td><td></td><td>成员</td><td colspan="3"></td></tr>
<tr><td colspan="3">自评分数：________
学生签字：________</td><td colspan="5">学生任务完成过程中遇到的问题、难点记录：</td></tr>
<tr><td colspan="3">小组评分：________
组长签字：________</td><td colspan="5">组长对组员任务完成情况记录：</td></tr>
<tr><td colspan="3">教师评分：________
教师签字：________</td><td colspan="5">教师点评与反馈：</td></tr>
<tr><td colspan="3" rowspan="2">实训任务成绩：
自评（20%）+小组（20%）+教师（60%）</td><td colspan="3">实训综合成绩</td><td colspan="2"></td></tr>
<tr><td colspan="3">评定日期</td><td colspan="2">年　月　日</td></tr>
</table>

任务三　装配配电箱

实训目标

（1）掌握低压断路器的类型、结构及其使用。

（2）会用兆欧表测试电路的绝缘电阻。

（3）会安装配电箱，规范完成配电箱接线。

（4）能进行安全文明生产，具有团队合作的精神，具有一定的组织协调能力。

（5）具有学习资料查询、整理和总结的能力。

实训准备

万用表、兆欧表、十字槽螺丝刀、一字槽螺丝刀、钢丝钳、尖嘴钳、电工刀、剥线钳，配电箱，导线若干等。

相关知识

配电箱（见图 2-3-1）是将电能从电表引入用电场所内部的设备，由电源总开关、过欠电压保护器、漏电断路器等组成。

图 2-3-1　配电箱实物图

视 频

认识低压断路器

一、主要电器

1. 低压断路器

低压断路器又称自动开关或自动空气开关，在低压电路中用于不频繁接通和分断负荷电路，既有手动开关作用，又能自动进行失电压、欠电压、过载和短路保护，是低压配电网系统、电力拖动系统中非常重要的开关电器和保护电器。低压断路器在制造和使用方面遵循的国家标准是 GB/T 14048.2—2020，家庭使用的断路器标准是 IEC 60898。

从结构类型上，低压断路器可分为框架式低压断路器、塑壳式低压断路器和微型低压断路器。框架式低压断路器简称 ACB，塑壳式低压断路器简称 MCCB，家居配电使用的微型低压断路器简称 MCB，常常被称为空气开关。其实物图及其图形、文字符号如图 2-3-2 所示。

（a）框架式低压断路器实物图

（b）塑壳式低压断路器实物图

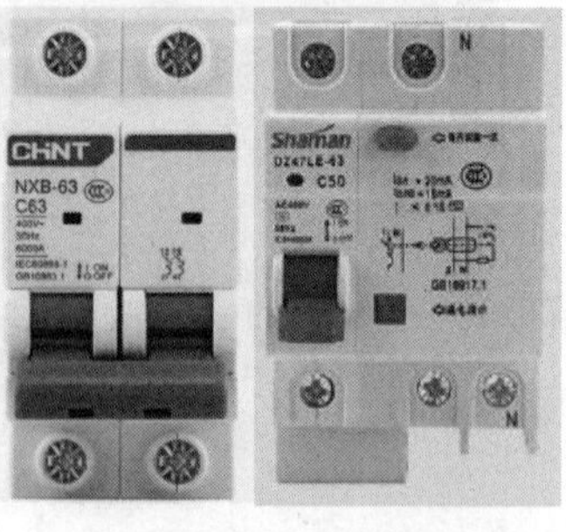

（c）微型低压断路器实物图

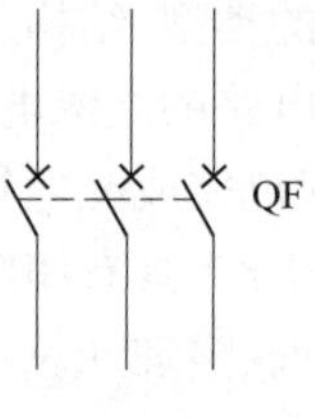

（d）低压断路器图形、文字符号

图 2-3-2　低压断路器实物图及其图形、文字符号

视 频

低压断路器结构和工作原理

1）低压断路器的结构和工作原理

低压断路器的结构主要包括三部分：触点、脱扣器和操作机构。其结构图如图 2-3-3所示。

图 2-3-3 中，触头由操作机构手动或电动合闸。当操作机构处于闭合位置时，可由

自由脱扣器进行脱扣,将主触点断开。当线路上出现短路故障时,其过电流脱口器动作,使开关跳闸,进行短路保护。如果出现过负荷,串联在主电路的加热电阻升温,双金属片弯曲带动自由脱扣器动作,使开关跳闸,进行过载保护。当主电路电压消失或降低到一定数值时,欠电压脱扣器衔铁被释放,衔铁的顶板推动自由脱扣器,使断路器跳闸,进行欠电压或过电压保护。有的低压断路器还有分励脱扣器,主要用于远距离操作。按下按钮,分励脱扣器的衔铁吸合,推动自由脱扣器动作,低压断路器跳闸,主电路切断后,分励脱扣器线圈断电。分励脱扣器的线圈不允许长期通电。

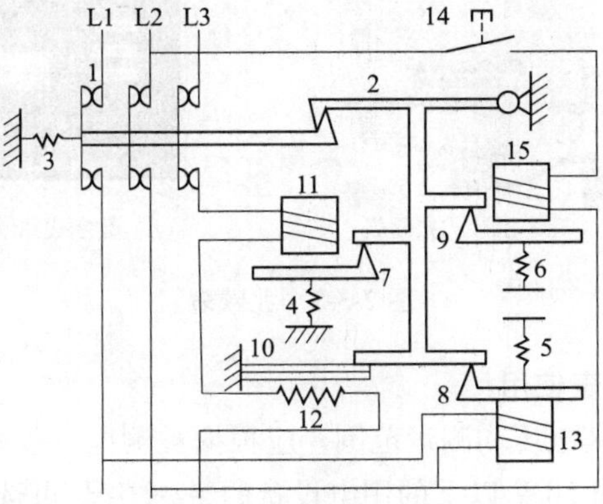

1—触头;2—搭钩;3、4、5、6—弹簧;7、8、9—衔铁;10—双金属片;
11—过电流脱扣线圈;12—加热电阻丝;13—失电压脱扣线圈;14—按钮;15—分励线圈。

图 2-3-3　低压断路器结构图

2)低压断路器的选用

选择低压断路器,应根据线路或设备的保护要求及使用环境,确定断路器的选用类型和保护形式,额定电压和额定电流应大于或等于电路、设备的正常工作电压和电流。断路器的分断能力应大于或等于电路的最大的三相短路电流,欠电压脱扣器的额定电压应等于电路的额定电压,过电流脱口器的额定电流应大于或等于线路的最大负载电流,长延时脱扣电流应小于导线允许的持续电流。具有剩余电流(漏电流)保护功能的断路器(漏电断路器),在选择时应注意安装位置所要求的零序电流保护动作电流和动作时间。

视　频

低压断路器检测

2. 自复式过欠电压保护器

自复式过欠电压保护器又称自恢复过欠电压保护器,主要用于住宅分户箱进线或需要保护单相用电设备的配电线路的保护,其实物如图 2-3-4 所示。

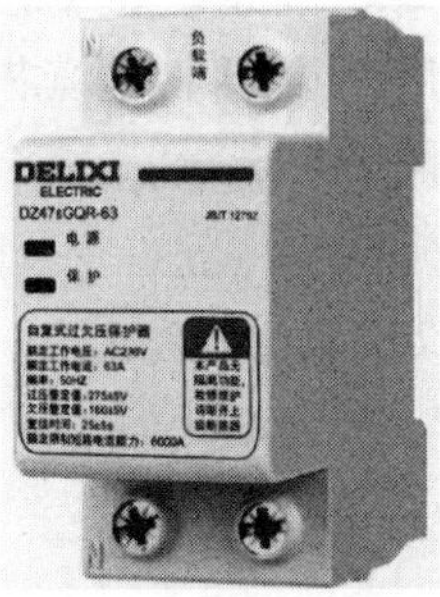

图 2-3-4　自复式过欠电压保护器实物图

自复式过欠电压保护器的特点:

(1)当线路中过电压和欠电压超过规定值时能自动断开,并能自动检测电路电压;当电路中电压恢复正常时能自动闭合。

(2)保护器由双色发光二极管指示工作状态,绿色表示正常电压指示,红色表示过欠电压或延时指示。

(3)为安装接线方便,过欠电压保护器一般选用下进线保护器。

二、绝缘检查

兆欧表主要用来测量电气设备、线路的绝缘电阻,判断设备或线路有无漏电现象,绝缘是否损坏或短路。兆欧表有指针式兆欧表和数字式兆欧表,如图 2-3-5 所示。计量单位是 MΩ。

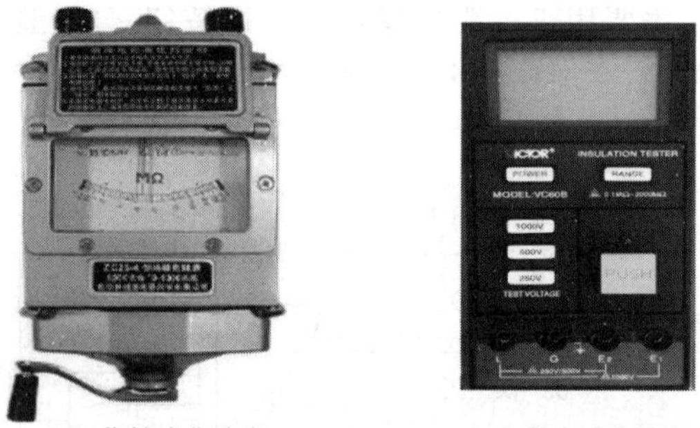

(a) 指针式兆欧表　　(b) 数字式兆欧表

图 2-3-5　兆欧表

视 频

兆欧表使用方法

1. 指针式兆欧表使用

(1)正确选择其电压和测量范围。应根据被测电气设备的额定电压选用兆欧表的电压等级:一般测量 50 V 以下的用电设备的绝缘情况,可选用 250 V 兆欧表;测量500 V 以下的用电设备的绝缘情况,可选用 500 V 或 1 000 V 兆欧表;测量 500 V 以上的用电设备的绝缘情况时,选用 1 000 ~ 2 500 V 兆欧表。

(2)选用兆欧表的外接导线时,应选用单根的多股铜导线,不能用双股绝缘线,绝缘强度要在 500 V 以上,否则会影响测量的精确度。

(3)测量电气设备绝缘电阻时,必须先断开设备的电源并验明无电。如果是电容器或较长的电缆线路,应放电后再测量。

(4)使用兆欧表时必须远离强磁场,并且平放。摇动兆欧表时,切勿使表受震动。

(5)在测量前,兆欧表应先做一次开路试验,然后再做一次短路试验。指针在开路试验中应指到"∞"处,而在短路试验中能摆到"0"处,这表明兆欧表工作状态正常,可测电气设备。

(6)用兆欧表进行测量时,还需注意兆欧表上"L"端子应与电气设备的带电体一端相连,而标有"E"的接地端子应接设备的外壳或接电动机外壳或地线,用兆欧表测量线路对地绝缘如图 2-3-6所示。如果是电缆的绝缘电阻,除把兆欧表"接地"端接入电气设备地之外,另一端接线路后,还需再将电缆芯之间的内层绝缘物接"保护环",以消除因表面漏电而引起的读数误差,如图 2-3-7所示。

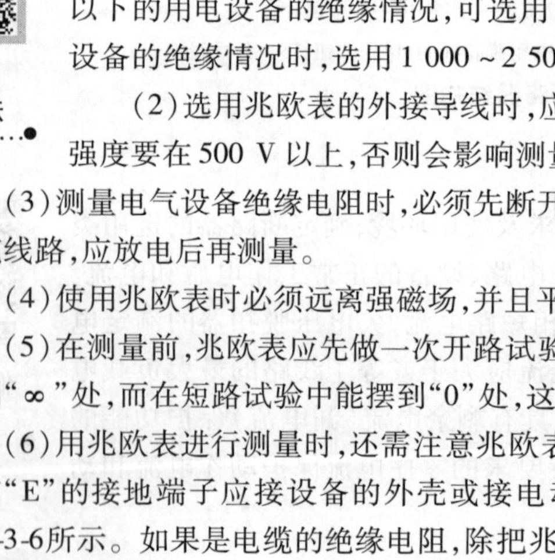

图 2-3-6　用兆欧表测量线路对地绝缘

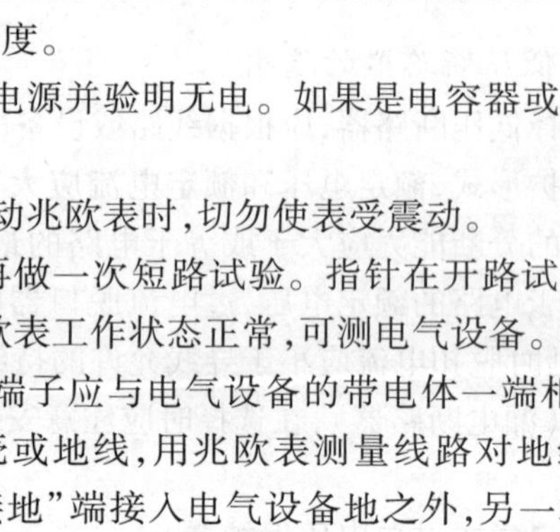

图 2-3-7　用兆欧表测量电缆

(7)若环境潮湿或空气湿度较大时,应使用"保护环"以消除绝缘物表面的泄流。

(8)使用兆欧表测试完毕后,应对电气设备进行一次放电。

(9)使用指针式兆欧表时要保持一定的转速,一般为 120 r/min,在 1 min 后取一稳定读数。测量时不要用手触摸被测物及兆欧表接线柱,以防触电。

(10)摇动指针式兆欧表手柄,应先慢再逐渐加快,待调速器发生滑动后,应保持转速稳定不变。如果被测电气设备短路,指针摆动到"0"时,应停止摇动手柄,以免兆欧表过电流发热烧坏。

2. 数字式兆欧表使用

(1)将电源开关"POWER"按下。

(2)根据测量需要选择测试电压(1 000 V、500 V、250 V 等)。

(3)根据测量需要选择量程开关"RANGE"。

(4)将被测设备的电极接入兆欧表相应插孔。将输入线"E1 或 E2"接至被测设备接地端,"L"接至被测设备线路端。

(5)测试电缆时,插孔 G 接保护环。

(6)按下"PUSH"开关,当显示值稳定后,读出测试数值,读值完毕后松开"PUSH"开关。

(7)如果仅高位显示"1",表示超量程,需要以高量程挡取数。

三、装配要求

(1)配电箱内电气元件安装应根据设计要求,选用符合标准的电气元件,箱体内不应装设不同电压等级的电气装置。

(2)对照设计图纸及电气元件的规格和数量,进行实物排列,保证操作、维修方便和外形美观。

(3)箱内配线应在电气元件安装后进行,配线时应根据电气元件规格、所在位置及设计要求,选好导线的截面和长度。

(4)配线应成把成束排列整齐、美观、安全可靠,必要时用线卡固定。

(5)箱体内分别设中性线(N)和保护地线(PE)汇流排,中性线和保护地线经汇流排配出。

学习笔记

技能训练

实训工单见表 2-3-1。

表 2-3-1　装配配电箱实训工单

实训任务名称	装配配电箱		时间		地点	
班级		姓名		学号		
实训小组		组长		成员		

(一)引导问题

如图 1 所示两组低压断路器,通过资料查询,写出二者区别,并记录相关参数。

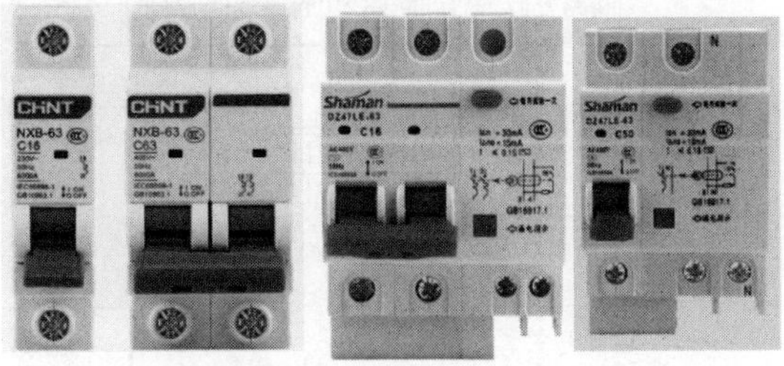

(a)　　　　　　(b)

图 1　低压断路器实物图

(1)写出二者区别:

(2)记录二者的主要参数:

(二)实训任务

实训任务 1　装配家用配电箱

1. 元器件选择

根据图 2 所示配电箱装配电路要求,选用合适的元器件,并写出所选用器件名称和型号。

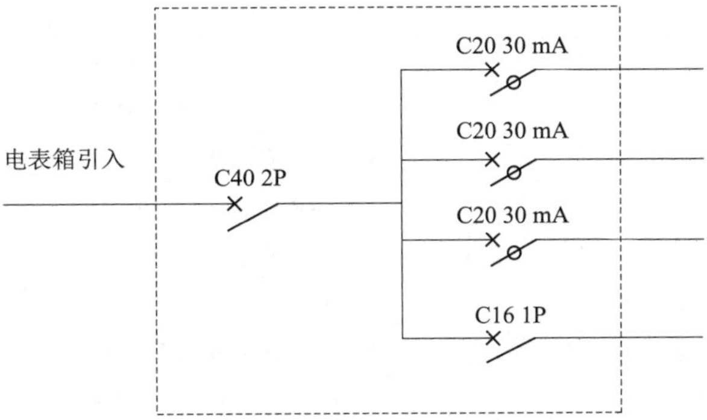

图 2　家用配电箱电气图

(1)C40 2P:________________________________

(2)C20 30 mA:________________________________

(3)C16 1P:________________________________

2. 装配配电箱

按图 2 所示配电箱设计要求,选用电气元件,并按图 3 所示装配配电箱。

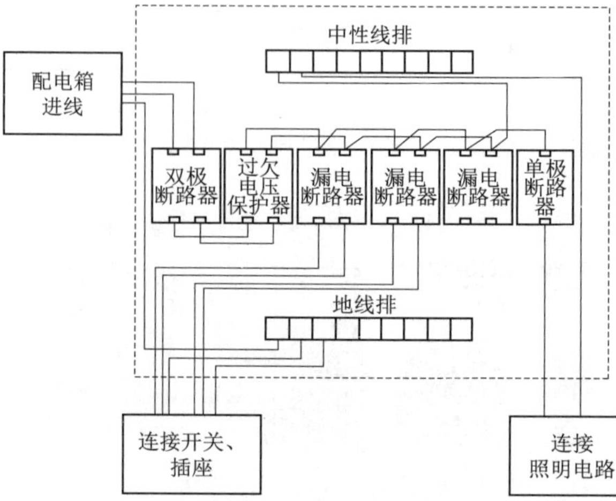

图 3　家用配电箱装配图

实训任务 2　检查线间绝缘电阻

完成接线后,用兆欧表摇测线间绝缘电阻,并记录。

(1)兆欧表选用:________________________________。

(2)测量绝缘电阻值:________________________________。

考核评价与反馈

一、考核评价标准

考核评价标准见表 2-3-2。

表 2-3-2　考核评价标准

评价项目	评价内容	评价标准	分数
综合素养	工作现场整理、整顿	整理、整顿不到位,扣 5 分	20
	操作遵守安全规范要求	违反安全规范要求,每次扣 5 分	
	遵守纪律,工作参与积极性和主动性	不遵守教学纪律,有迟到、早退等违纪现象,每次扣 2 分;参与不积极主动,扣 5 ~ 10 分	
实训工作过程	引导问题知识清楚、明确	回答错误,每处扣 2 分	10
	元器件选用正确,电气参数识读正确,记录书写认真、规范	元器件选用错误,每项扣 5 分;电气参数识读错误,每项扣 2 分;书写不认真,扣 2 分	20
	配电箱元器件安装正确,符合安装规范	每错一处扣 2 分;不符合安装规范,每处扣 5 分	10
	箱内配线正确,符合标准规范	接线每错一处扣 5 分;接线不规范,每处扣 2 分	20

续表

评价项目	评价内容	评价标准	分数
实训工作过程	兆欧表选用正确，使用步骤及操作规范，测量准确	兆欧表选用错误扣5分；测量步骤正确，操作规范，每错一处扣2分；测量错误扣5分	10
实训结果	实训工单填写完整，书写认真、规范	实训工单填写不完整，每处扣2分；书写不认真、规范扣5～10分	10
总分			100

二、考核评价反馈工单

考核评价反馈工单见表2-3-3。

表2-3-3　考核评价反馈工单

实训任务名称	装配配电箱			时间		地点	
班级		姓名		学号			
实训小组		组长		成员			
自评分数：________ 学生签字：________				学生任务完成过程中遇到的问题、难点记录：			
小组评分：________ 组长签字：________				组长对组员任务完成情况记录：			
教师评分：________ 教师签字：________				教师点评与反馈：			
实训任务成绩： 自评（20%）+小组（20%）+教师（60%）				实训综合成绩			
				评定日期		年　月　日	

项目三
照明电路的安装与检查

任务一　选用与连接电路导线

实训目标

(1)会识读常用导线的型号、名称,了解不同型号导线的用途。
(2)会根据电路要求选用合适导线。
(3)会剥削连接、绝缘导线。
(4)能进行安全文明生产,具有团队合作的精神,具有一定的组织协调能力。
(5)具有学习资料查询、整理和总结的能力。

实训准备

电工实训电气柜(电工实训工作台)、照明电路常用各种导线、钢丝钳、尖嘴钳、电工刀、剥线钳、万用表、绝缘胶带等。

相关知识

一、常用导线的型号、名称及用途

在照明电路安装中,由于环境条件和敷设方式不同,使用导线的型号、横截面积也不一样。表 3-1-1 列出了电气照明常用导线的型号、名称和用途。

表 3-1-1　电气照明常用导线的型号、名称和用途

型号	名称	用途
BV BLV BLX BLXF	聚氯乙烯绝缘铜芯线(铜芯塑料绝缘线) 聚氯乙烯绝缘铝芯线(铝芯塑料绝缘线) 铜芯橡皮线 铝芯氯丁橡皮线	交直流 500 V 及以下的室内照明和动力线路的敷设,室外架空线路
BVR	聚氯乙烯绝缘铜芯软线	活动不频繁场所的电源连接线
BVS RVB	聚氯乙烯绝缘双根铜芯绞合软线 聚氯乙烯绝缘双根平行铜芯软线	交直流额定电压为 250 V 及以下的移动电具、吊灯电源连接线
BXS	棉纱编织橡皮绝缘双根铜芯绞合软线(花线)	交直流额定电压为 250 V 及以下的吊灯电源连接线

续表

型号	名称	用途
BVV BLVV	聚氯乙烯绝缘和护套铜芯线 聚氯乙烯绝缘和护套铝芯线	交直流额定电压为 500 V 及以下的室内外照明和小容量动力线路的敷设
RVZ	聚氯乙烯绝缘和护套铜芯软线	交直流额定电压为 500 V 以下移动式用电器的连接
RHF	氯丁橡套铜芯软线	250 V 室内外小型电器工具的电源连接线
LG LGJ	裸铝绞线 钢芯铝绞线	用于室内高大厂房绝缘子配线和室外架空线

二、导线连接工艺

导线连接是电工作业的一项基本工序，导线连接的质量直接关系到整个线路能否安全可靠长期运行。导线连接的基本要求：电接触良好，机械强度足够，接头美观，且绝缘恢复正常。导线连接步骤包括：导线绝缘层的剥削、导线的连接、导线绝缘层的恢复等。

1. 导线绝缘层的剥削

1）塑料硬线绝缘层的剥削

用剥线钳去除塑料硬线的绝缘层最为方便。当没有剥线钳时，可用钢丝钳和电工刀剖削。

线芯截面积在 2.5 mm^2 及以下的塑料硬线，可用钢丝钳剖削。首先在线头所需长度交界处，用钢丝钳钳口轻轻切破绝缘层表皮，然后左手拉紧导线，右手适当用力捏住钢丝钳头部，向外用力勒去绝缘层，如图 3-1-1 所示。在勒去绝缘层时，不可在钳口处加剪切力，这样会伤及线芯，甚至将导线剪断。

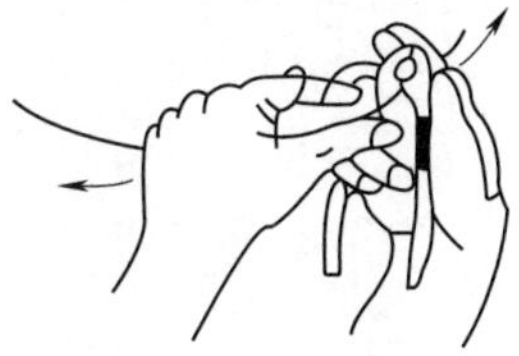

图 3-1-1　钢丝钳剥削塑料硬线绝缘层

对于线芯截面积大于 4 mm^2 的塑料硬线的绝缘层，直接用钢丝钳剖削较为困难，可用电工刀剖削，如图 3-1-2（a）所示。先根据线头所需长度，用电工刀刀口对导线成 45°角切入塑料绝缘层，注意掌握刀口刚好割透绝缘层而不伤及线芯，如图 3-1-2（b）所示；然后调整刀口与导线间绝缘层的角度，以 15°角向前推进，将绝缘层削出一个缺口，如图 3-1-2（c）所示，接着将需剖去的绝缘层向后扳翻，再用电工刀切齐。

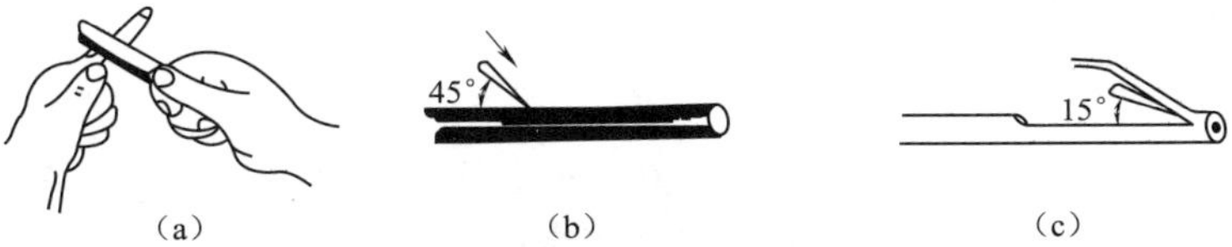

图 3-1-2　电工刀剥削塑料硬线绝缘层

2）塑料软绝缘层的剖削

塑料软绝缘层的剖削除用剥线钳外，仍可用钢丝钳直接剖削。按线芯截面积在 2.5 mm^2 及以下的塑料硬线的方法进行，但不能用电工刀剥削。因塑料软线太软，线芯又由多股铜丝组成，用电工刀很容易伤及线芯。

3）橡皮线绝缘层的剥削

橡皮线绝缘层外面有一层柔韧的纤维编织保护层，用电工刀刀尖划开纤维编织层，并将其扳翻后齐根切去，再用剖削塑料硬线绝缘层的方法，除去橡皮绝缘层。若橡皮绝缘层内的线芯上还包缠着棉纱，可将该棉纱层松开，齐根切去。

4）花线绝缘层的剥削

花线绝缘层分外层和内层，外层是一层柔韧的棉纱编织层。剥削时先用电工刀在线头所需长度处切割一圈，拉去外层棉纱编织层，然后在距离棉纱编织层 10 mm 左右处用钢丝钳按照剖削塑料软线的方法将内层的橡皮绝缘层勒去。有的花线在紧贴线芯处还包缠有棉纱层，在勒去橡皮绝缘层后，再将棉纱层松开，用电工刀齐根切去。

2. 导线的连接

1）单股铜芯线的直线连接

单股铜芯线的直线连接有绞接和缠绕两种方法。绞接法用于截面积较小的导线，缠绕法用于截面积较大的导线。

绞接法是先将已剖除绝缘层并去掉氧化层的两根线头呈 X 形交叉，如图 3-1-3(a)所示，并互相绞合 2～3 圈，如图 3-1-3(b)所示，接着扳直两个线头的自由端，将每根线自由端在对边的线芯上紧密缠绕到线芯直径的 6～8 倍长，如图 3-1-3(c)所示。将多余的线头剪去，修理好切口毛刺即可。

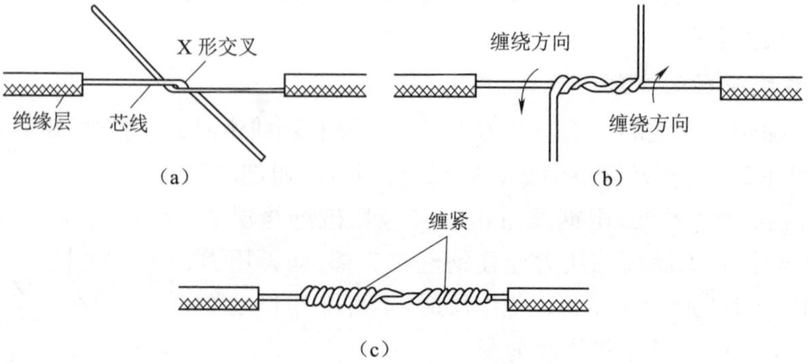

图 3-1-3　单股铜芯线的绞接

缠绕法有加辅助线和不加辅助线两种。缠绕法是将已去除绝缘层和氧化层的线头相对交叠，加辅助线后，用绑线在交叠部位中间向两端缠绕长度为导线直径的 10 倍，然后将两线芯端头折回，在此向外再单卷 5 圈，与辅助线捻绞两圈，剪掉余线，如图 3-1-4 所示。

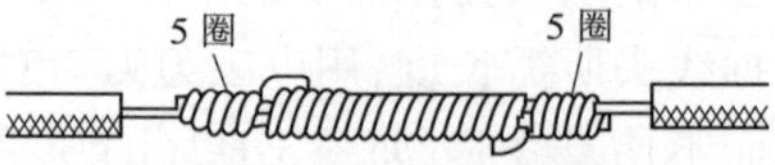

图 3-1-4　单股铜芯线的缠绕法连接

2）单股铜芯线的 T 形连接

先把支路芯线线头与干路芯线十字相交，在支路芯线根部留出 10 mm 裸线，把支路芯线在干线上缠绕成结状，再把支路芯线拉紧扳直并紧密缠绕 6～8 圈在干路芯线上。为保证接头部位有良好的电接触和足够的机械强度，应保证缠绕长度为芯线直径的 8～10 倍。用钢丝钳切去余下的芯线，并钳平芯线末端，如图 3-1-5 所示。

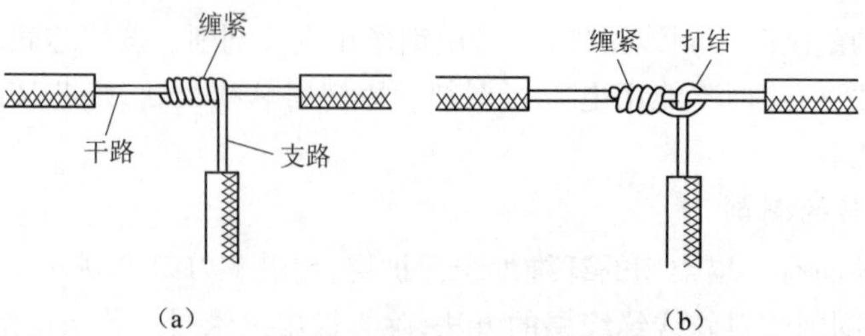

图 3-1-5　单股铜芯线的 T 形连接

3）多芯铜芯线的连接

多芯铜芯线的连接有单卷法、缠卷法和复卷法。首先用细砂布将线芯表面的氧化膜除去，将两线芯导线的接合处的中心线剪掉2/3，将外侧线芯作伞状张开，相互交错叉成一体，并将已经张开的线端合成一体，叉接方法如图3-1-6所示。

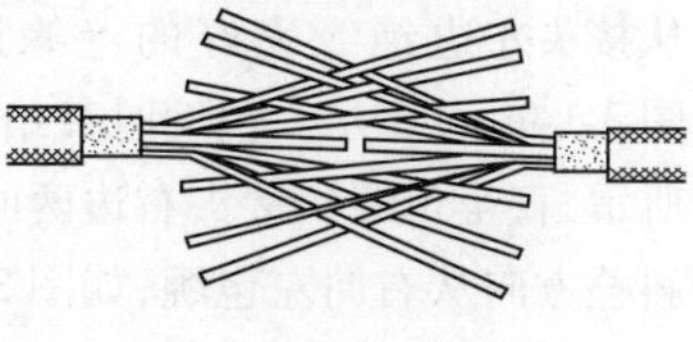

图3-1-6　多芯铜芯线的连接

4）铝芯线的连接

铝的表面极易氧化，而且这类氧化铝膜电阻率高，除小截面积铝芯线外，其余铝芯线的连接都不采用铜芯线的连接方法。铝芯线应采用螺栓压接和压接管压接的方法。

螺栓压接法适用于小负荷的铝芯线的连接。将剖除绝缘层的铝芯线头用钢丝刷或电工刀去除氧化层，涂上中性凡士林后，将线头伸入接头的线孔内，再旋转压线螺栓压接。线路上导线与开关、灯头、熔断器、仪表、瓷接头和端子板的连接，多用螺栓压接。单股小截面积铜芯线在电器和端子板上的连接亦可采用此法。如果有两个（或两个以上）线头要接在一个接线板上时，应事先将这几根线头扭作一股，再进行压接，如果直接扭绞的强度不够，还可在扭绞的线头处用小股导线缠绕后再插入接线孔压接。压接管压接法连接适用于较大负荷的多股铝芯线的连接。

5）线头与接线桩的连接

线头与针孔式接线桩的连接。如果单股芯线直径与接线桩插线孔大小适宜，只要把芯线插入针孔，旋紧螺钉即可。如果单股芯线较细，则要把芯线折成双根，再插入针孔，如图3-1-7所示。

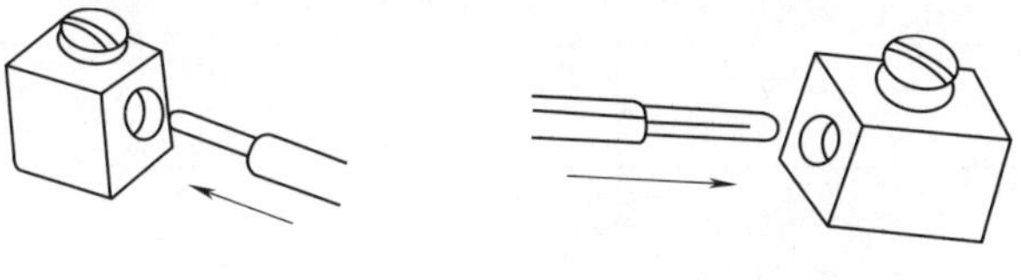

图3-1-7　单股芯线与针孔接线桩连接

线头与螺钉平压式接线桩的连接。单股芯线压接时，应将线头制成压接圈，压接前需清除连接部位的污垢，将压接圈套入压接螺钉，放上垫圈后，拧紧螺钉将其压牢。在制作压接圈时必须按顺时针方向弯转，而不能逆时针弯转，如图3-1-8所示。

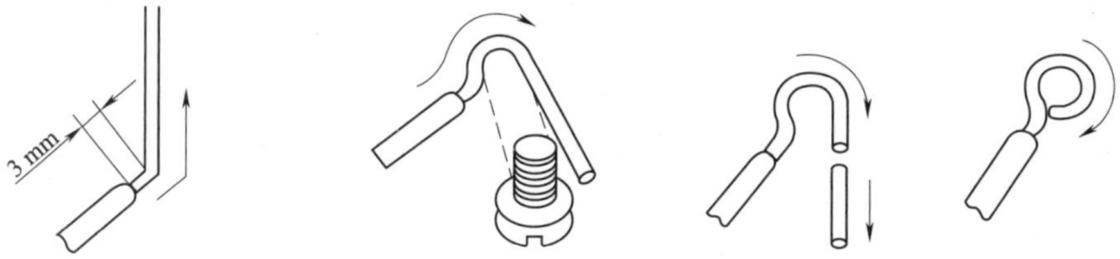

（a）离绝缘层根部约3 mm处向外侧折角　（b）按略大于螺钉直径弯曲圆弧　（c）剪去芯线余端　（d）修正圆圈致圆

图3-1-8　线头与螺钉平压式接线桩的连接

3. 导线绝缘层的恢复

导线的绝缘层因外界因素而破损或导线在做连接后，都必须恢复其绝缘，恢复绝缘后的绝缘强度不应低于原有绝缘层的绝缘强度。导线连接处的绝缘处理通常采用绝缘胶带进行缠裹包扎，一般电工常用的绝缘带有黄蜡带、涤纶薄膜带、黑胶带、塑料胶带和橡胶胶带等。一字形连接的导线接头可按图3-1-9所示进行绝缘处理，先包缠一层黄蜡带，再包缠一层黑胶带。将黄蜡带从接头左边绝缘完好的绝缘层上开始包缠，包缠两圈后进入剥除了绝缘层的芯线部分，如图 3-1-9(a)所示。包缠时黄蜡带应与导线成55°左右倾斜角，每圈压叠带宽的1/2，如图3-1-9(b)所示，直至包缠到接头右边两圈距离的完好绝缘层处。然后将黑胶带接在黄蜡带的尾端，按另一斜叠方向从右向左包缠，如图 3-1-9(c)、(d)所示，仍每圈压叠带宽的 1/2，直至将黄蜡带完全包缠住。包缠处理中应用力拉紧胶带，注意不可稀疏，更不能露出芯线，以确保绝缘质量和用电安全。对于 220 V 线路，也可不用黄蜡带，只用黑胶带或塑料胶带包缠两层。在潮湿场所应使用聚氯乙烯绝缘胶带或涤纶绝缘胶带。

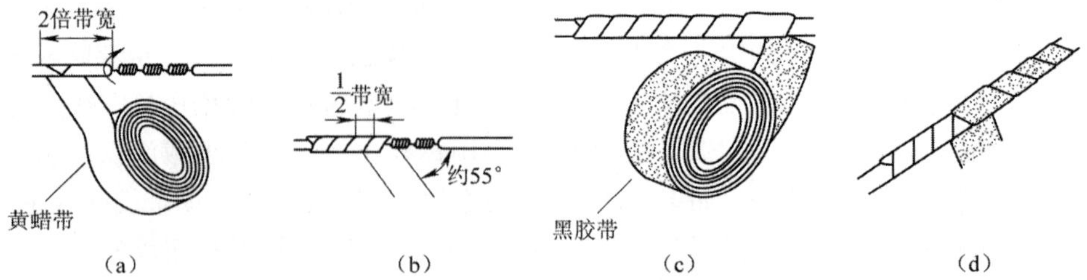

图 3-1-9　直线连接的导线接头绝缘处理

学习笔记

技能训练

实训工单见表3-1-2。

表3-1-2　选用与连接电路导线实训工单

实训任务名称	选用与连接电路导线		时间		地点	
班级		姓名		学号		
实训小组		组长		成员		
(一)引导问题						
室内照明电路导线的识别。根据表3-1-1不同型号导线的用途,观察并识别实训室电路导线的类型。 配电箱电路导线类型:________________________________。 照明电路导线类型:________________________________。						
(二)实训任务						
实训任务　导线连接及绝缘恢复 任务要求:分别进行BV2.5 mm^2、BV4 mm^2规格导线,作直线连接和T形连接,并进行绝缘恢复。 (1)选用合适的电工工具,进行导线绝缘层剥削。 (2)对两种规格导线作直线连接和T形连接。 (3)连接后导线进行绝缘恢复。						

考核评价与反馈

一、考核评价标准

考核评价标准见表 3-1-3。

表 3-1-3　考核评价标准

评价项目	评价内容	评价标准	分数
综合素养	工作现场整理、整顿	整理、整顿不到位，扣 5 分	30
	操作遵守安全规范要求	违反安全规范要求，每次扣 5 分	
	遵守纪律，工作参与积极性和主动性	不遵守教学纪律，有迟到、早退等违纪现象，每次扣 2 分；参与不积极主动，扣 5 ~ 10 分	
实训工作过程	引导问题知识清楚、明确	回答错误，每处扣 2 分	20
	能正确使用电工工具剥削导线	工具选用错误，每处扣 2 分；操作每错 1 处扣2 分	10
	导线连接方法正确，操作规范	导线连接方法错误，每处扣 5 分；连接不符合要求，每项扣 5 分	20
	导线连接后绝缘处理规范，符合要求	操作不规范，每处扣 2 分；绝缘恢复不符合要求，每项扣 5 分	10
实训结果	实训工单填写完整，书写认真、规范	实训工单填写不完整，每处扣 2 分；书写不认真、规范，扣 5 ~ 10 分	10
总分			100

二、考核评价反馈工单

考核评价反馈工单见表 3-1-4。

表 3-1-4　考核评价反馈工单

<table>
<tr><td>实训任务名称</td><td colspan="3">选用与连接电路导线</td><td>时间</td><td></td><td>地点</td><td></td></tr>
<tr><td>班级</td><td></td><td>姓名</td><td></td><td>学号</td><td colspan="3"></td></tr>
<tr><td>实训小组</td><td></td><td>组长</td><td></td><td>成员</td><td colspan="3"></td></tr>
<tr><td colspan="4">自评分数：________
学生签字：________</td><td colspan="4">学生任务完成过程中遇到的问题、难点记录：</td></tr>
<tr><td colspan="4">小组评分：________
组长签字：________</td><td colspan="4">组长对组员任务完成情况记录：</td></tr>
<tr><td colspan="4">教师评分：________
教师签字：________</td><td colspan="4">教师点评与反馈：</td></tr>
<tr><td colspan="4" rowspan="2">实训任务成绩：
自评(20%)+小组(20%)+教师(60%)</td><td colspan="2">实训综合成绩</td><td colspan="2"></td></tr>
<tr><td colspan="2">评定日期</td><td colspan="2">年　月　日</td></tr>
</table>

任务二 安装与检查常用照明电路

实训目标

(1)了解照明电路常用电器,会识读电器参数。

(2)掌握常用照明电路结构、控制要求。

(3)掌握照明电路安装规范,会安装常见照明电路。

(4)能调试、检查照明电路,并能进行常见故障排除。

(5)能进行安全文明生产,具有团队合作的精神,具有一定的组织协调能力。

(6)具有学习资料查询、整理和总结的能力。

实训准备

万用表、十字槽螺丝刀、一字槽螺丝刀、钢丝钳、尖嘴钳、电工刀、剥线钳、照明灯具、开关、导线、万用表、兆欧表等。

相关知识

一、常见照明电路

1. 白炽灯照明电路

1)灯具

白炽灯因其发光效率较低、寿命较短,逐渐被新型灯具所替代。然而,白炽灯也因其独特的发光特性和适用性,至今仍在一些场景中保持应用价值。例如:对照明亮度需求不高的工业生产环境,局部照明与事故照明,舞台灯光设备、摄影补光等需要频繁切换或调节亮度的场景,家庭卧室、餐厅及咖啡馆等需要温馨氛围的场所,部分医疗设备或检查场景使用定制化白炽灯,以满足特殊光学需求,在电器维修中作为负载测试或模拟电路状态的临时光源等。

图 3-2-1 是常见白炽灯外形图。

白炽灯灯泡由灯丝、玻壳和灯头三部分组成。灯丝一般都是由钨丝制成,玻壳由透明或不同颜色的玻璃制成。40 W 以下的灯泡,将玻壳内抽成真空;40 W 以上的灯泡,在玻壳内充有氩气或氮气等惰性气体,使钨丝不易挥发,以延长寿命。灯泡的灯头,有卡口式和螺口式两种形式,功率超过 300 W 的灯泡,一般采用螺口式灯头,因为螺口式灯座比卡口式灯座接触和散热要好。

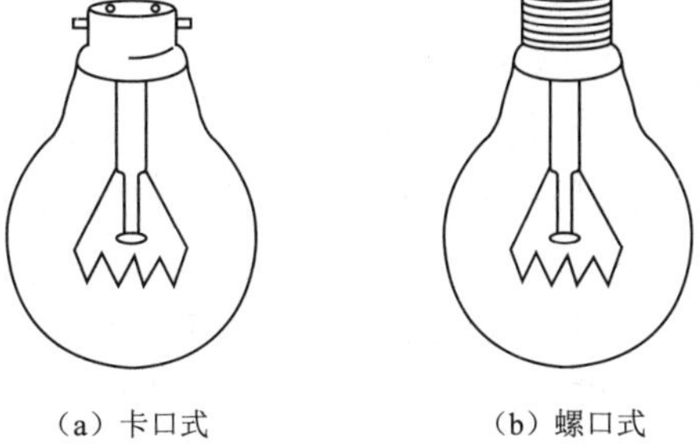

(a) 卡口式　　(b) 螺口式

图 3-2-1 常见白炽灯外形图

2)灯座

常用的灯座有卡口吊灯座、卡口式平灯座、螺口吊灯座和螺口式平灯座等,相应的外形结构如图 3-2-2 所示。

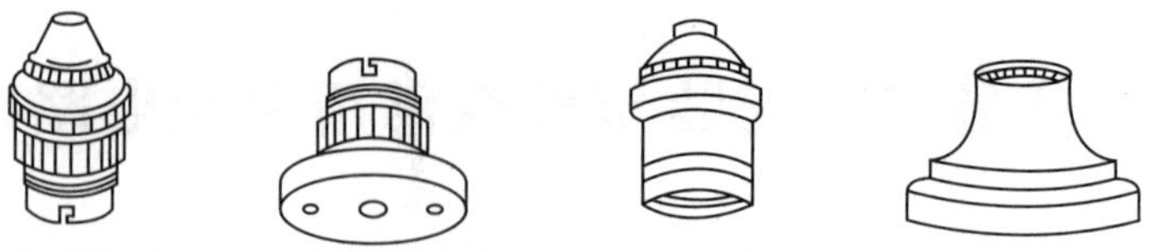

（a）卡口吊灯座　（b）卡口式平灯座　（c）螺口吊灯座　（d）螺口式平灯座

图 3-2-2　常用灯座外形结构

3）开关

开关的品种很多，常用的开关有接线开关、顶装拉线开关，防水接线开关、平开关、暗装开关等，这几种开关外形结构如图 3-2-3 所示。

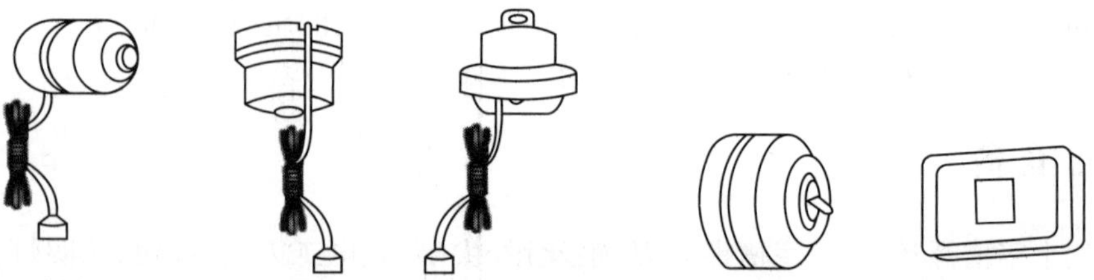

（a）接线开关　（b）顶装拉线开关　（c）防水接线开关　（d）平开关　（e）暗装开关

图 3-2-3　常用开关外形结构

4）常用控制电路

白炽灯照明电路常见的控制方式有单控开关控制和双控开关控制两种方式，如图 3-2-4 所示。

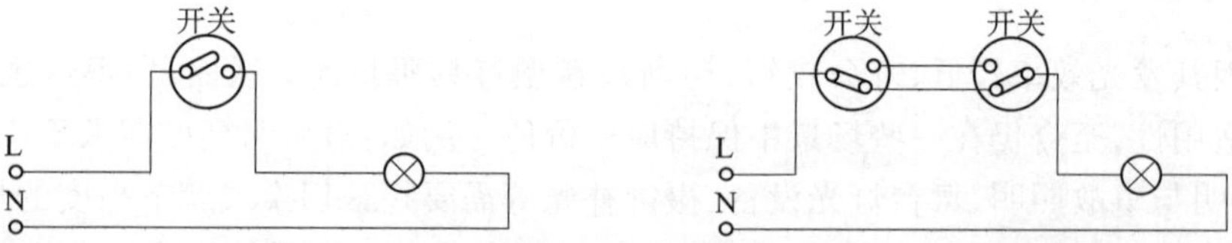

（a）单控开关控制　（a）双控开关控制

图 3-2-4　常用控制电路

5）安装要求

（1）灯座的安装。平灯座上有两个接线桩，一个与电源中性线连接，另一个与来自开关的一根线连接（开关控制的是相线）。卡口平灯座上的两个接线桩可任意连接上述的两个线头。螺口灯座有严格的规定：必须把来自开关的线头连接在连通中心弹簧片的接线桩上，电源中性线的线头连接在连通螺纹圈接线桩上，如图 3-2-5所示。

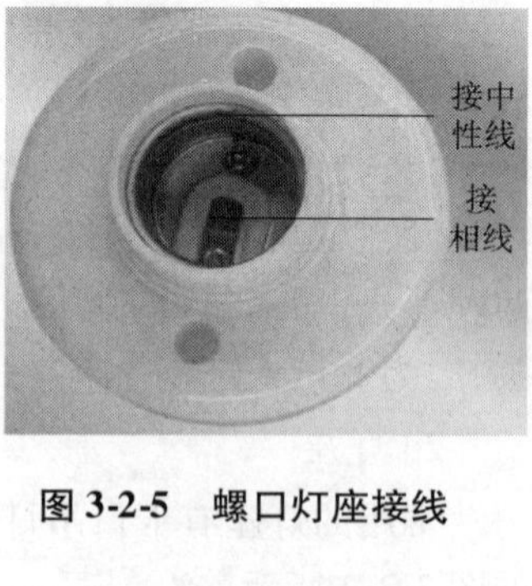

图 3-2-5　螺口灯座接线

（2）开关安装。开关在照明电路中的作用是接通或断开照明线路。照明常用开关实物图如图 3-2-6 所示，单控开关如图 3-2-6（a）所示，双控开关如图 3-2-6（b）所示。

（a）单控开关 （a）双控开关

图 3-2-6 照明常用开关实物图

①单控开关的安装。单控开关有两个接线孔，接线时，开关接在相线上，这样在开关断开后，灯头不会带电，从而保证了使用和维修的安全，接线图如图 3-2-7(a)所示。

②双控开关的安装。双控开关一般应用于使用两只双控开关异地控制一盏灯，例如，用于楼上楼下或走廊的两端均可控制照明灯的接通和断开。双控开关的安装方法与单控开关类似，但其接线较复杂。双控开关有三个接线端，分别与三根导线相接，注意双控开关中连铜片的接线桩不能接错，一个开关的连铜片接线桩应和电源相线连接，另一个开关的连铜片接线桩与螺口灯座的中心弹簧片接线桩连接。每个开关还有两个接线桩用两根导线分别与另一个开关的两个接线桩连接。接线图如图 3-2-7(b)所示。

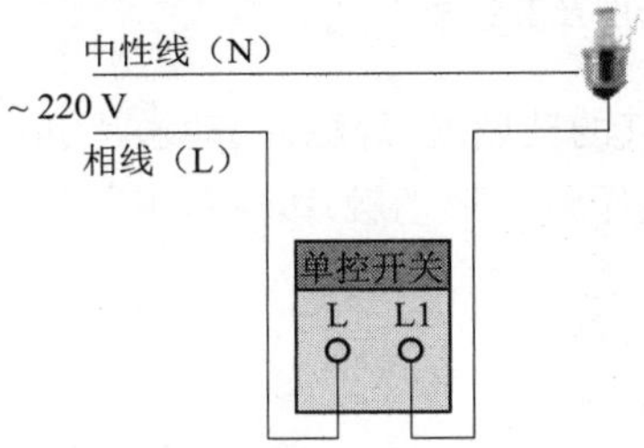

（a）单控开关接线图

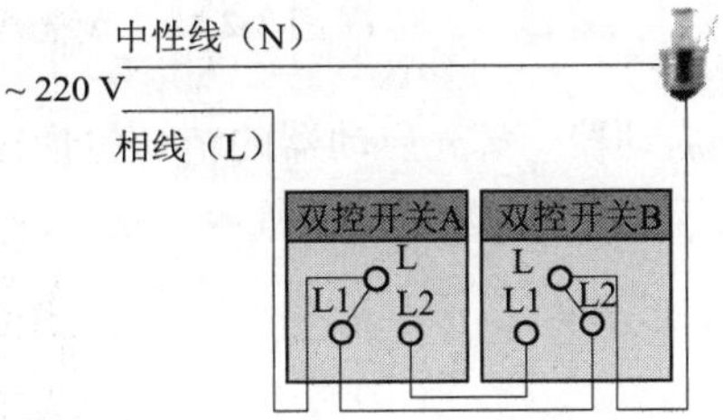

（b）双控开关接线图

图 3-2-7 开关接线图

③声控开关控制白炽灯电路安装。声控开关是一种通过声波信号触发电路通断的智能控制装置，主要由传声器、放大电路、光控元件、延时电路等组成。在光线较暗时，其光敏电阻阻值增大，使传声器处于待机状态；当检测到足够强度的声音信号时，触发电路导通，实现灯具或电器的自动开启，并延时关闭以节约能源，它以节能、环保、方便而被广泛使用。例如：楼道、车库等公共区域场所照明、智能家居照明等，实现“人来灯亮，人走灯灭”。接线图如图 3-2-8 所示。

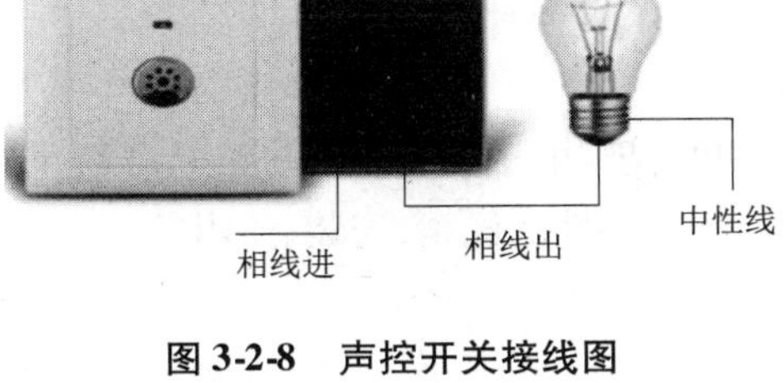

图 3-2-8 声控开关接线图

2. 荧光灯照明电路

荧光灯通常也称为日光灯。荧光灯电路由荧光灯管、辉光启动器、镇流器、灯座等组成，其照明电路原理图如图 3-2-9 所示。当开关 S 闭合接通电源后，电源电压通过灯丝全部加到辉光启动器内的两个双金属触片上，使辉光启动器产生辉光放电发热，两触片接通，于是电流通过镇流器和灯管两端的灯丝，使灯丝加热并发射电子。这时，由于辉光启动器被金属触片短路而停止辉光放电，双金属触片也因温度降低而分开，在此瞬间，镇流器产生相当高的自感电动势，它和电源电压叠加加在灯管两端引起弧光放电，使荧光灯点亮。

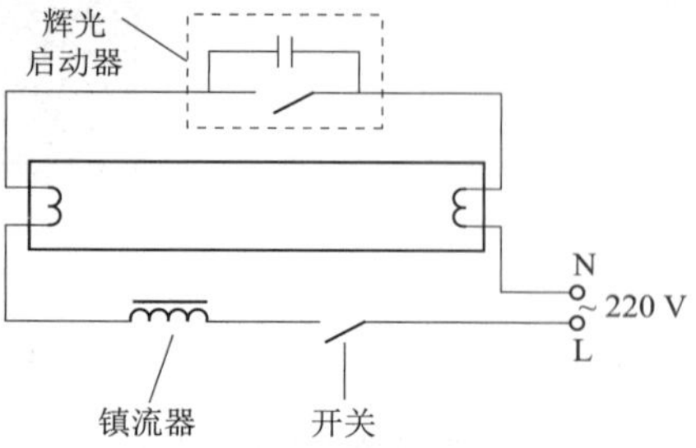

图 3-2-9　日光灯照明电路原理图

(1)荧光灯管。荧光灯管由玻璃管、灯丝、灯脚、荧光粉等组成。玻璃管抽成真空后充入少量汞和氩等惰性气体，管壁涂有荧光粉，如图 3-2-10 所示。

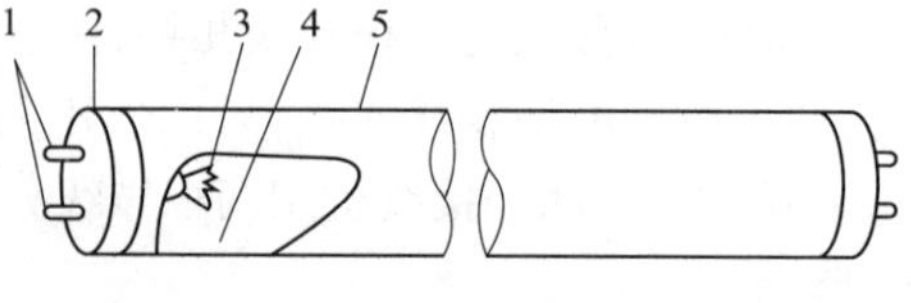

1—灯脚；2—灯头；3—灯丝；4—荧光粉；5—玻璃管。

图 3-2-10　荧光灯管外形图及其组成

(2)辉光启动器。辉光启动器的结构包括充有氖气的玻璃泡、静触片、动触片、电容、插头(引出线)和外壳等部分，如图 3-2-11 所示。氖泡内有静触片和 U 形动触片。

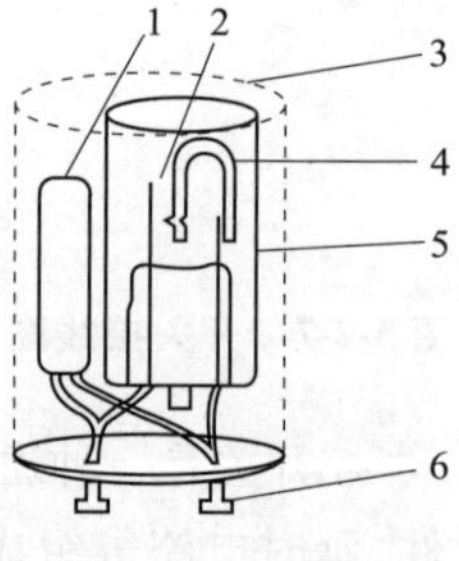

1—纸介电容；2—静触片；3—外壳；4—U 形动触片；5—玻璃泡；6—插头。

图 3-2-11　辉光启动器外形图及其组成

(3)镇流器。传统电感镇流器主要由铁芯和线圈组成。镇流器功率和灯管功率必须匹配。

(4)灯架。有木制和铁制两种，规格应配合灯管长度使用。

(5)灯座。灯座有开启式和弹簧式两种。

3. 电子镇流器荧光灯电路

随着现代电子技术的进步和发展，电子镇流器逐渐取代传统电感镇流器。电子镇流器原理图如图 3-2-12 所示。电子镇流器电路性能优越，安装、使用方便。

4. 节能灯

电子镇流器与灯管合二为一，与白炽灯灯座匹配，市场上称为节能灯。节能灯又称紧凑型荧光灯或一体式荧光灯，其外形如图 3-2-13 所示。

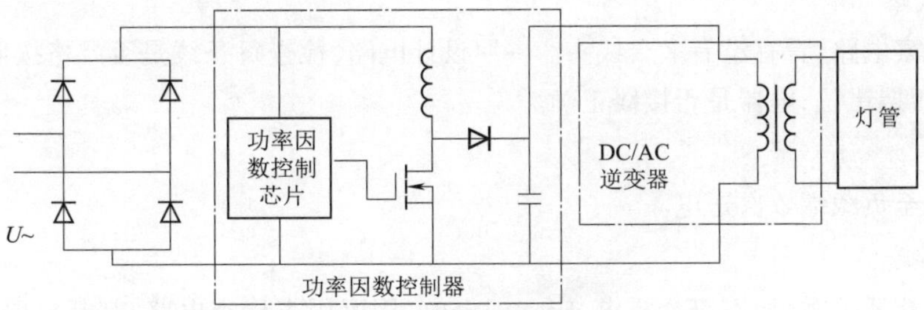

图 3-2-12　电子镇流器原理图

图 3-2-13　节能灯外形

5. 安装要求

荧光灯的安装方法一般采用吸顶式、链吊式、钢管式、嵌入式等。其安装要求如下：

(1)荧光灯安装时,其附件装设位置应便于维护检修。

(2)荧光灯自重超过 1 kg 时,应采用吊链,载流导线不能承受重力。

(3)镇流器和辉光启动器应与灯管的容量相符。

(4)安装灯管时,先将灯管引脚插入有弹簧一端的引脚内并用力推入,然后将另一端对准灯脚,利用弹簧的作用力使其插入灯脚内。

二、照明电路安装原则及步骤

1. 照明电路安装原则

安装照明电路必须遵循的总的原则是:相线必须进开关;开关、灯具要串联;照明电路间要并联。

2. 照明电路安装步骤

1)布局

根据设计的照明电路图,确定各元器件的安装位置,要求布局合理,结构紧凑,控制方便,美观大方。

2)固定器件

器件排列整齐,固定时先对角固定,再两边固定。

3)布线

先处理好导线,将导线拉直,消除弯折,布线要横平竖直,转弯处成直角,并做到高低一致或前后一致,少交叉,应尽量避免导线接头。多根导线并拢排列。在走线的时候,时刻记着“左零右相”(左边接零线,右边接相线)的原则。

4)接线

由上至下,先串后并。接线正确、牢固、各接点不松动,敷线平直整齐,无露铜,每个接线端子上连接的导线根数一般不超过两根,绝缘性能好,外形美观。红色线接电源相线,黑色线接零线,黄绿线接地线。进出线应合理汇集在端子排上。

5)检查线路

用肉眼观察电路,看有没有多余线头。参照设计电路,检查每条线是否严格按照要求进行接线,每条线是否接错位,电器是否接线正确。

6)通电

由电源端至负载端依次送电。

7)故障排除

操作各功能开关时,如不符合要求,应立即停电,用万用表检查电路,判断电路故障,要注意人身安全。

三、照明电路常见故障及排除

照明电路在安装与使用过程中可能出现电路故障,电路故障有短路故障、断路故障、漏电故障与发热故障等。

1. 短路

短路可分为相间短路和相对地短路两类,相对地短路又分为相线与中性线间短路和相线与大地间短路两种。

采用绝缘导线的电路,电路本身发生短路的可能性较小,往往由于用电设备、开关装置和保护装置内部发生故障所致。因此,检查和排除短路故障时应先使故障区域内的用电设备脱离电源,试看故障是否能够解除,如果故障依然存在,再逐个检查开关和保护装置。

管线线路和护套线线路如果存在严重过载或漏电等故障,会使导线长期过热并绝缘老化,而引起电路的短路;因外界机械损伤而破坏了导线的绝缘层,也会引起电路的短路。所以,要定期检查导线的绝缘电阻和绝缘层的结构状况,如发现绝缘电阻下降或绝缘层龟裂,应及时更换。

2. 断路

相线、中性线均可能发生断路,电路发生断路后,负载就无法正常运行。产生断路故障的原因主要有熔丝熔断、线头松动脱落、断线、开关没有接通、接线头腐蚀等。断路故障的检查:如果一个灯泡不亮而其他灯泡都亮,应首先检查灯丝是否烧断。若灯丝未断,则应检查开关和灯头是否接触不良、有无断线等。为了尽快查出故障点,可用试电笔测灯座的两极是否有电;若两极都不亮说明相线断路;若两极都亮(带灯泡测试),说明中性线断路;若一极亮、一极不亮,说明灯丝未接通。对于荧光灯来说,还应对其光辉启动器进行检查。如果几盏电灯都不亮,应首先检查总熔丝是否熔断或总闸断路故障的排除,应根据故障的具体原因,采取相应措施使电路接通。

3. 漏电

漏电不但造成电力浪费,还可能造成人身触电伤亡事故。

漏电产生的原因主要为:相线绝缘损坏而接地、用电设备内部绝缘损坏使外壳带电等。

漏电故障的检查:漏电保护装置一般采用漏电保护器,当漏电电流超过整定电流值时,漏电保护器动作,切断电路。若发现漏电保护器动作,则应查出漏电接地点并进行绝缘处理后再通电。照明线路的接地点大多发生在穿墙部位和靠近墙壁或天花板等部位,查找接地点时,应注意查找这些部位。

1)判断是否漏电

可以用兆欧表摇测,看其绝缘电阻的大小,或在被检查建筑物的总刀闸串接一只电流表,接通全部电灯开关,取下所有灯泡,进行仔细观察。若电流表指针摇动,则说明漏电;指针偏转多少,取决于电流表。若电路中有部分绝缘体轻度损坏就会形成不同程度的漏电。

2)判断漏电类型

漏电分为相间漏电和相地间漏电两类。以接入电流表检查为例,切断中性线,观察电流的变化:电流表指示不变,是相线与大地之间漏电;电流表指示为零,是相线与中性线之间漏电;电流表指示变小但不为零,则表明相线与中性线、相线与大地之间均有漏电。

3)确定漏电范围

取下分路熔断器或拉下刀开关,电流表若不变化,则表明是总线漏电;电流表指示为零,则表明是分路断路器漏电;电流表指示变小但不为零,则表明总线与分路断路器均有漏电。

4)找出漏电点

按前面介绍的方法确定漏电的分路或线段后,依次拉断该线路灯具的开关,当拉断某一开关时,若回零则是这一分支线漏电;若变小则除该分支漏电外还有其他漏电处;若所有灯具开关都拉掉后,电流表指示仍不变,则说明是该段干线漏电。依照上述方法依次把故障范围缩小到一个较短线段或小范围之后,便可进一步检查该段线路的接头,以及电线穿墙处等是否有漏电情况。当找到漏电后,应及时妥善处理。

学习笔记

技能训练

实训工单见表 3-2-1。

表 3-2-1　安装与检查常用照明电路实训工单

实训任务名称	安装与检查常用照明电路		时间		地点	
班级		姓名		学号		
实训小组		组长		成员		

(一)引导问题

(1)交流电源中相线(火线)、中性线(零线)是如何规定的?

(2)什么是线电压?什么是相电压?它们之间有什么关系?

(二)实训任务

实训任务 1　安装节能灯单控电路

安装如图 1 所示节能灯单控电路。

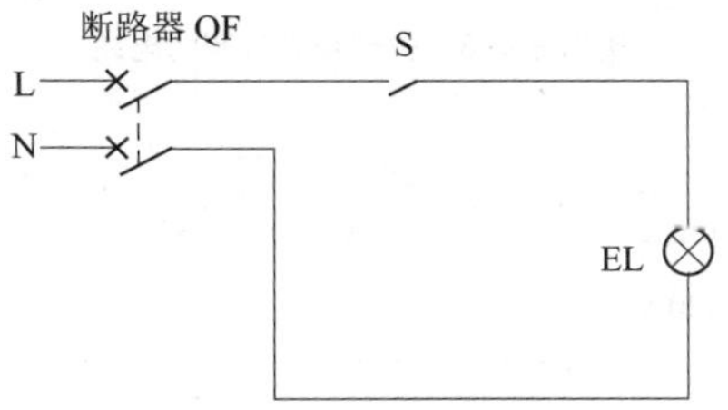

图 1　节能灯单控电路图

要求:

(1)电源检查:用万用表检查电气柜电源是否正常,如有异常,在教师指导下,查找原因。电压检查结果:

____。

(2)电路元器件检查:识别并检测电路开关、节能灯具是否正常。

电路开关检查:____。

节能灯具检查:____。

(3)根据照明电路安装要求,安装图 1 所示节能灯照明电路,检测无误后,通电调试。

实训任务 2　安装节能灯双控电路

安装图 2 所示节能灯双控电路。

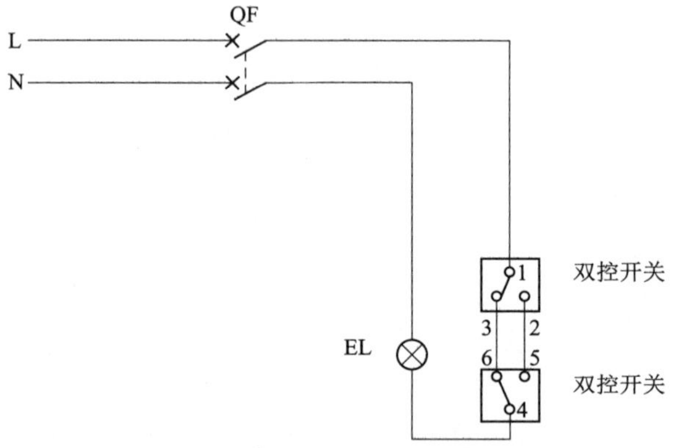

图 2　节能灯双控电路图

要求：

(1)记录所选用电器的型号,并检查电器是否能正常使用,查找原因并记录。

断路器:____;

双控开关:____;

灯具:____。

(2)根据照明电路安装要求,安装图 2 所示节能灯照明电路,检测无误后,通电调试。

实训任务 3　安装荧光灯照明电路

荧光灯照明电路原理图如图 3 所示。

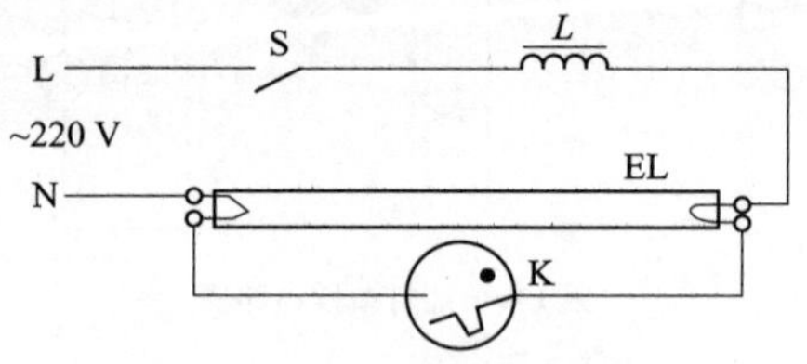

图 3　荧光灯照明电路原理图

(1)电路元器件检测。检查元器件是否正常使用,若有故障应查明原因。

镇流器:____________________;辉光启动器:____________________;

灯管:____________________;开关:____________________。

(2)根据照明电路安装要求,安装图 3 所示荧光灯照明电路,检测无误后,通电调试。

拓展实训任务　安装白炽灯声控开关电路

根据照明电路安装要求，安装如图4所示白炽灯声控照明电路，检测无误后，通电调试。

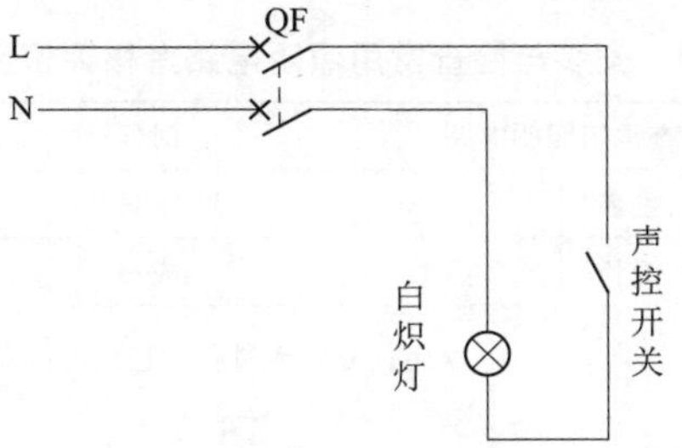

图4　白炽灯声控照明电路图

考核评价与反馈

一、考核评价标准

考核评价标准见表3-2-2。

表3-2-2　考核评价标准

评价项目	评价内容	评价标准	分数
综合素养	工作现场整理、整顿	整理、整顿不到位，扣5分	20
	操作遵守安全规范要求	违反安全规范要求，每次扣5分	
	遵守纪律，工作参与积极性和主动性	不遵守教学纪律，有迟到、早退等违纪现象，每次扣2分；参与不积极主动，扣5～10分	
实训工作过程	引导问题知识清楚，明确	回答错误，每处扣2分	10
	安装单控节能灯照明电路，元器件选择正确、检测规范、结果正确，电路安装符合规范要求，通电调试符合安全规范且正确，记录书写认真、规范	元器件选择错误，每错一项扣2分；元器件检测，每错一处扣2分；开关、灯具接线正确、牢固，每错一处扣2分；记录书写不认真扣2分	20
	安装节能灯双控电路及插座，元器件选择正确、检测规范、结果正确，电路安装符合规范要求，通电调试符合安全规范且正确，记录书写认真、规范	元器件选择错误，每错一项扣2分；元器件检测，每错一处扣2分；开关、灯具、插座接线正确、牢固，每错一处扣2分；断路器进、出线接错，扣5分；记录书写不认真扣2分	20
	安装荧光灯照明电路，元器件选择正确、检测规范、结果正确，安装接线准确、规范，记录书写认真、规范	元器件选择错误，每错一处扣2分；接线错误，每错一处扣5分；安装接线不牢固、不规范，每处扣2分；不能调试电路，扣5分；结果记录不认真、规范扣2分	20
实训结果	实训工单填写完整，书写认真、规范	实训工单填写不完整，每处扣2分；书写不认真、规范，扣5～10分	10
拓展实训任务	安装白炽灯声控开关电路。元器件选择正确、检测规范、结果正确，安装接线准确、规范，数据记录规范	元器件选择错误，每错一处扣2分；接线错误，每错一处扣5分；安装接线不牢固、不规范，每处扣2分；不能调试电路，扣5分	20
总分（拓展实训任务在总分基础上赋分）			120

二、考核评价反馈工单

考核评价反馈工单见表 3-2-3。

表 3-2-3　安装与检查常用照明电路考核评价反馈工单

<table>
<tr><td>实训任务名称</td><td colspan="3">安装与检查常用照明电路</td><td>时间</td><td></td><td>地点</td><td></td></tr>
<tr><td>班级</td><td></td><td>姓名</td><td></td><td>学号</td><td colspan="3"></td></tr>
<tr><td>实训小组</td><td></td><td>组长</td><td></td><td>成员</td><td colspan="3"></td></tr>
<tr><td colspan="3">自评分数：________
学生签字：________</td><td colspan="5">学生任务完成过程中遇到的问题、难点记录：</td></tr>
<tr><td colspan="3">小组评分：________
组长签字：________</td><td colspan="5">组长对组员任务完成情况记录：</td></tr>
<tr><td colspan="3">教师评分：________
教师签字：________</td><td colspan="5">教师点评与反馈：</td></tr>
<tr><td colspan="3" rowspan="2">实训任务成绩：
自评（20%）+小组（20%）+教师（60%）</td><td colspan="3">实训综合成绩</td><td colspan="2"></td></tr>
<tr><td colspan="3">评定日期</td><td colspan="2">年　月　日</td></tr>
</table>

项目四

三相异步电动机控制电路的安装与调试

任务一　检测三相异步电动机质量

实训目标

(1)会判别三相异步电动机定子绕组首尾端。

(2)会用兆欧表测量三相异步电动机绝缘电阻。

(3)会用电工仪表测量三相异步电动机定子绕组阻值。

(4)能进行安全文明生产,具有团队合作的精神,具有一定的组织协调能力。

(5)具有学习资料查询、整理和总结的能力。

实训准备

三相交流异步电动机、万用表、兆欧表、单臂电桥等。

相关知识

一、判断三相异步电动机定子绕组首尾端

三相异步电动机的三相定子绕组每相绕组都有两个引出线头,一头称为首端,另一头则称为尾端。规定第一相绕组首端用 U1 表示,尾端用 U2 表示;第二相绕组首端用 V1 表示,尾端用 V2 表示;第三相绕组首端用 W1 表示,尾端用 W2 表示。这六个引出线头接入接线盒的接线柱上,接线柱相应地标出这六个标记,如图 4-1-1 所示。

视频

认识三相异步电动机结构

视频

判断异步电动机定子绕组首尾端

(a) 定子绕组出线盒　　(b) 定子绕组首尾端标记

图 4-1-1　三相异步电动机定子绕组首尾端

三相定子绕组重绕或将三相定子绕组的连接片拆开以后，定子绕组的六个出线头往往不易分清，这时不可盲目接线，以免引起在通电后，三相定子电流不平衡，造成电动机定子绕组过热转速降低，甚至不转而烧坏定子绕组。因此，只有分清绕组的六个接线端的首尾后才可接线。

1. 交流电源法判断绕组首尾端

(1)用万用表欧姆挡(R×10 或 R×1)分别找出电动机三相绕组的两个线头，做好标记。

(2)先给三相绕组的线头做假设编号 U1、U2；V1、V2；W1、W2，并把 V1、U2 按图 4-1-2(a)所示连接起来，构成两相绕组串联。

(3)将 U1、V2 线头上接万用表交流电压挡。

(4)在 W1、W2 上接 36 V 交流电源，如果电压表有读数，说明线头 U1、U2 和 V1、V2 的编号正确。如果无读数，则把 U1、U2 或 V1、V2 中任意两个线头的编号对调一下即可，如图 4-1-2(b)所示。

(5)再按上述方法对 W1、W2 两个线头进行判别。

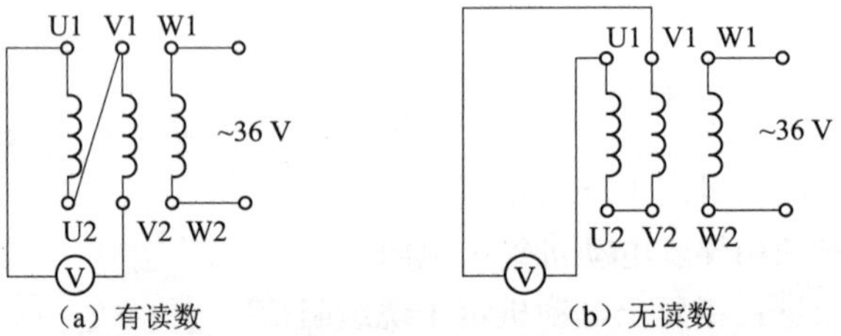

图 4-1-2　交流法判断定子绕组首尾端

2. 直流法判断定子绕组首尾端

(1)用万用表的电阻挡，分别找出三相绕组的各相两个线头。

(2)给三相绕组的线头作假设编号 U1、U2，V1、V2 和 W1、W2。

(3)按图 4-1-3 所示接线。

(4)测试：合上开关瞬间，注意指针式万用表毫安挡的指针摆动方向，如果指针摆向大于零的一边(正偏)，则接电源(如干电池)正极的线头与万用表负极(黑表笔)所接的线头同为首端或末端；如果指针摆向小于零的一边(反偏)，则电源正极所接的线头与万用表正极(红表笔)所接的线头同为首端或末端。

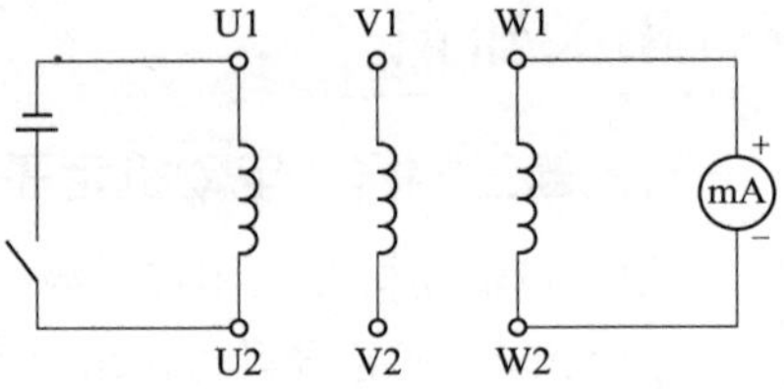

图 4-1-3　直流法判断定子绕组首尾端

(5)再将电池和开关接另一相两个线头进行测试，就可正确判别各相的首末端。

3. 零序法(剩磁法)判断定子绕组首尾端

具体步骤如下：

(1)用万用表的电阻挡，分别找出三相绕组的各相两个线头。

(2)给三相绕组的线头作假设编号 U1、U2，V1、V2 和 W1、W2。

(3)按图 4-1-4 所示接线。

(4)用手转动转子，若万用表指针不动，则编号正确；若万用表指针偏转，则调整编号重测，直到正确为止。

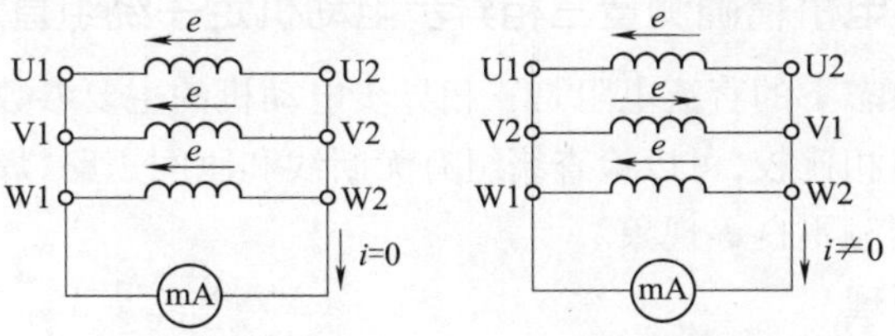

（a）指针不动首尾端正确　　（b）指针偏转首尾端不对

图 4-1-4　零序法判断定子绕组首尾端

二、测量三相异步电动机绝缘电阻

绝缘电阻用来检查三相异步电动机绝缘状况的好坏，一般对于三相异步电动机绝缘受潮、绝缘老化及局部缺陷均能有效查出。对于额定电压为 380 V 的电动机，绝缘电阻要大于 0.5 MΩ 才算合格。

使用 500 V 兆欧表测量三相异步电动机绝缘电阻，分别测量三相定子绕组之间的绝缘电阻，以及定子绕组与电动机外壳之间的绝缘电阻。

兆欧表测试绝缘电阻的步骤如下：

（1）将电动机接线盒内六个端头的联片拆开。

（2）把兆欧表放平，先不接线，摇动兆欧表。指针应指向"∞"处（见图 4-1-5），再将表上有"L"（线路）和"E"（接地）的两接线柱用带线的试夹短接，慢慢摇动手柄，指针应指向"0"处（见图 4-1-6）。

视　频

识读三相异步电动机铭牌

视　频

三相异步电动机绝缘检查

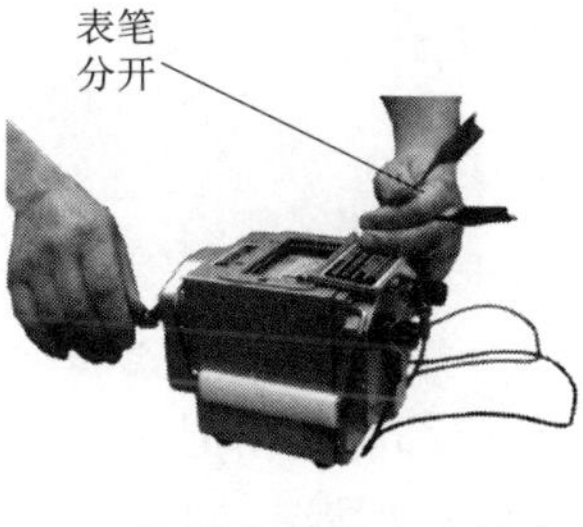

图 4-1-5　兆欧表开路检查

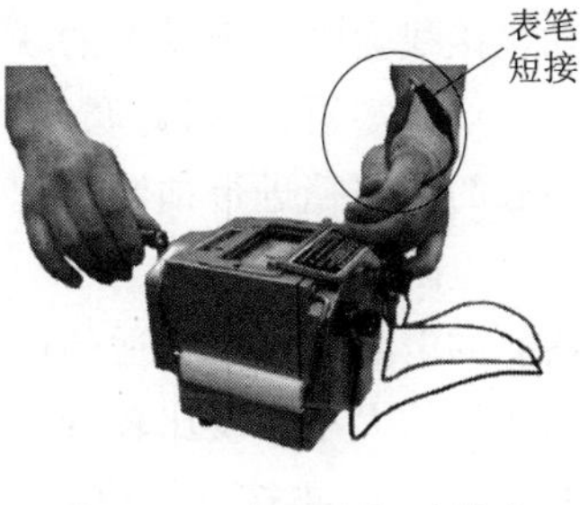

图 4-1-6　兆欧表短路检查

（3）测量电动机三相绕组之间的绝缘电阻。将两测试夹分别接到任意两相绕组的任一端头上，平放兆欧表，以 120 r/min 的速度匀速摇动兆欧表 1 min 后，读取指针稳定的指示值，如图 4-1-7 所示。

（4）用同样方法，依次测量每相绕组对机壳的绝缘电阻值。但应注意，表上标有"E"或"接地"的接线柱，应接到机壳上无绝缘的地方，如图 4-1-8 所示。

图 4-1-7　定子绕组之间绝缘检查

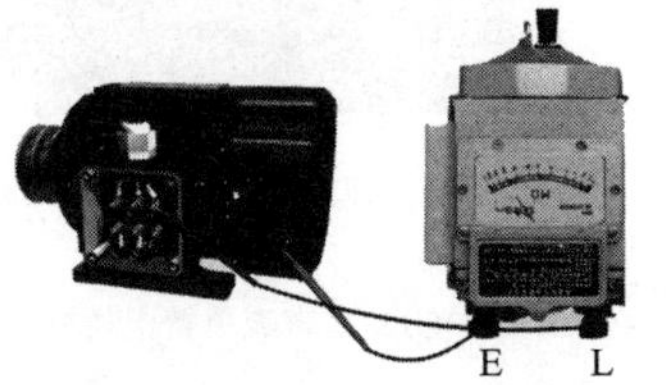

图 4-1-8　定子绕组与机壳之间绝缘检查

视 频

单臂电桥测量异步电动机直流电阻

三、单臂电桥精确测量三相异步电动机定子绕组直流电阻

绕组在冷态下的直流电阻是三相异步电动机的主要参数之一，将绕组的电阻的测定值与设计值相比较，可以检查绕组有无断线和匝间短路，焊接部分有无虚焊或开焊，接触点有无接触不良等现象。

1. 测量原理

单臂电桥也称惠斯通电桥，一般用于测量中值电阻，测量范围为 0 ~ 9 999 Ω。利用直流电桥测量直流电阻，简单方便，准确度高。

如图 4-1-9 所示，被测电阻 R_X 和标准电阻 R_2、R_3、R_4 组成电桥的四个臂，接成四边形，在四边形顶点 cd 间接入检流计 P，在另一对顶点 ab 间接入电池 GB，在测量时按下按钮 SB 接通电源，调节标准电阻 R_2、R_3、R_4 使检流计指示为 0，则 c 点电位和 d 点电位相等。被测电阻 R_X 为

$$R_X = R_4 R_2 / R_3$$

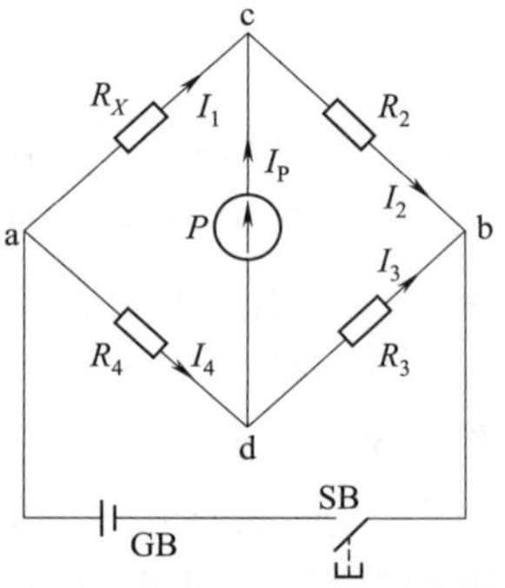

图 4-1-9　单臂电桥测量原理图

电阻 R_2 和 R_3 的比值通常配成固定的比例，称为电桥的比率臂，电阻 R_4 称为比较臂。在测量时，首先选取一定的比率臂，然后调节比较臂使电桥平衡，则比率臂倍率和比较臂读数值的乘积就是被测电阻的数值。电桥是比较精密的测量仪器，如果使用不当，会影响测量结果及损坏仪器。用电桥测量电阻时，不准带电测量。

2. 测量步骤

用单臂电桥测量三相异步电动机绕组的直流电阻步骤如下：

(1) 将电动机接线盒内六个端头的联片拆开。

(2) 调节检流计调零器，将指针调至零位。

(3) 用万用表的欧姆挡进行估测并记录绕组的电阻值。

(4) 连接被测电阻 R_X。

(5) 根据估测的电阻值选择合适的比率臂。

(6) 根据估测值的大小预设比较臂，使比较臂的四个挡位都能利用上。

(7) 先按电源按钮 B，再按下检流计的按钮 G，根据指针摆动情况，调整比较臂电阻至检流计指向零位，使电桥平衡。若针指向"＋"方向偏摆，则需增加比较臂电阻，若指针向"－"方向偏摆，则需减小比较臂电阻，如图 4-1-10 所示。

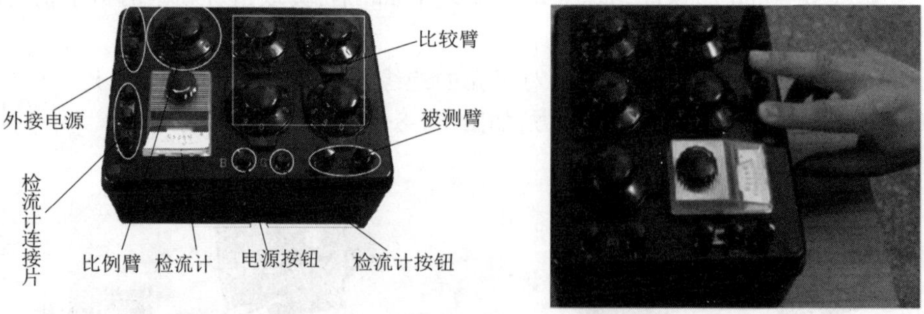

(a) QJ23型直流单臂电桥外形　　(b) 测量方法

图 4-1-10　单臂电桥测量方法

(8)读取数值:被测绕组电阻 = 比较臂 × 比率臂。

(9)测量完毕后应先断开检流计按钮,后断开电源按钮,否则将因电流的突然接通和断开使被测绕组的自感电动势造成检流计的损坏。

(10)依次测出三相定子绕组的直流电流。

(11)拆除测试线路。

(12)锁上检流计锁扣(将“内接”接线柱短路,以防搬动过程中损坏检流计)。

3. 质量判断

用电桥测量每相绕组的电阻,三相绕组电阻的不平衡度不得超过5%,即

$$(R_{max}-R_{min})/R_{av}\leqslant 5\%$$

式中　R_{max}——三相绕组中最大电阻值;

R_{min}——三相绕组中最小电阻值;

R_{av}——三相绕组电阻的平均值,即$(R_u+R_v+R_w)/3$,R_u、R_v、R_w分别为三相绕组直流电阻。

如果电阻相差过大,表示绕组中有局部短路或焊接不良。如果三相绕组的电阻都偏大,则可能是线径偏小或匝数偏多造成的,必须认真找出原因加以解决。

学习笔记

技能训练

实训工单见表 4-1-1。

表 4-1-1　检测三相异步电动机质量实训工单

实训任务名称	检测三相异步电动机质量			时间		地点	
班级		姓名		学号			
实训小组		组长		成员			

(一)引导问题

画出三相异步电动机定子绕组星形和三角形接法接线图。

视 频

三相异步电动机定子绕组接线方式

(二)实训任务

实训任务 1　判断三相异步电动机定子绕组首尾端

1. 交流法

按照图 4-1-2 接线，记录电压表的读数，并写出判断结论。

(1)U、V 相连接，电压表读数：__________，结论：______________________________。

(2)U、W 相连接，电压表读数：__________，结论：______________________________。

2. 直流法

根据图 4-1-3 所示方法，判断定子绕组首尾端，记录万用表指针偏转方向，写出判断结论。

万用表指针偏转方向：____；

首尾端判断结论：____。

3. 零序法

根据图 4-1-4 所示方法，判断定子绕组首尾端，记录万用表指针偏转方向，写出判断结论。

万用表指针偏转方向：____；

首尾端判断结论：____。

实训任务 2　测量三相异步电动机绝缘电阻

用兆欧表测量三相异步电动机定子绕组之间和三相绕组对机壳(地)的绝缘电阻，并将测量结果填写在表 1 中。

表 1　用兆欧表测量三相异步电动机绝缘电阻

序号	项　　目	测量结果/MΩ
1	U、V 绕组之间的绝缘电阻	
2	U、W 绕组之间的绝缘电阻	
3	V、W 绕组之间的绝缘电阻	
4	U 相绕组与机壳(地)之间的绝缘电阻	
5	V 相绕组与机壳(地)之间的绝缘电阻	
6	W 相绕组与机壳(地)之间的绝缘电阻	

实训任务 3 测量三相异步电动机定子绕组直流电阻

（1）用万用表测量定子绕组直流电阻，并将测量结果填写在表 2 中。

表 2 用万用表测量电动机定子绕组直流电阻

序号	项目	测量结果/Ω
1	用万用表测量 U 相绕组（U1-U2）的电阻	
2	用万用表测量 V 相绕组（V1-V2）的电阻	
3	用万用表测量 W 相绕组（W1-W2）的电阻	

（2）用单臂电桥测量定子绕组直流电阻，并将测量结果填写在表 3 中。

表 3 用单臂电桥测量电动机定子绕组直流电阻

序号	项目	测量结果/Ω
1	用单臂电桥测量 U 相绕组（U1-U2）的电阻	
2	用单臂电桥测量 V 相绕组（V1-V2）的电阻	
3	用单臂电桥测量 W 相绕组（W1-W2）的电阻	

考核评价与反馈

一、考核评价标准

考核评价标准见表 4-1-2。

表 4-1-2 考核评价标准

评价项目	评价内容	评价标准	分数
综合素养	工作现场整理、整顿	整理、整顿不到位，扣 5 分	20
	操作遵守安全规范要求	违反安全规范要求，每次扣 5 分	
	遵守纪律，工作参与积极性和主动性	不遵守教学纪律，有迟到、早退等违纪现象，每次扣 2 分，参与不积极主动扣 5～10 分	
实训工作过程	引导问题知识清楚，画图规范正确	每错一项，扣 5 分	10
	定子绕组首尾判断方法正确，操作规范，记录清楚，结果正确	方法错误，每项扣 5 分；操作不规范，每处扣 2 分；记录不清楚，每处扣 2 分；测试结果不正确每处扣 2 分	20
	兆欧表使用规范，记录条理清楚，测试结果准确	兆欧表使用不规范扣 5 分；测试结果不正确，每处扣 5 分；记录不认真，每处扣 2 分	20
	测量定子绕组直流电阻过程中万用表和单臂电桥使用规范，记录条理清楚，测量结果正确	万用表和单臂电桥使用不规范，每次扣 2 分；测量结果不准确，每项扣 2 分；记录不认真，每处扣 2 分	20
实训结果	实训工单填写完整，书写认真、规范	实训工单填写不完整，每处扣 2 分；书写不认真、规范，扣 5～10 分	10
总分			100

二、考核评价反馈工单

考核评价反馈工单见表4-1-3。

表 4-1-3　考核评价反馈工单

<table>
<tr><td>实训任务名称</td><td colspan="3">检测三相异步电动机质量</td><td>时间</td><td></td><td>地点</td><td></td></tr>
<tr><td>班级</td><td></td><td>姓名</td><td></td><td>学号</td><td colspan="3"></td></tr>
<tr><td>实训小组</td><td></td><td>组长</td><td></td><td>成员</td><td colspan="3"></td></tr>
<tr><td colspan="3">自评分数：________
学生签字：________</td><td colspan="5">学生任务完成过程中遇到的问题、难点记录：</td></tr>
<tr><td colspan="3">小组评分：________
组长签字：________</td><td colspan="5">组长对组员任务完成情况记录：</td></tr>
<tr><td colspan="3">教师评分：________
教师签字：________</td><td colspan="5">教师点评与反馈：</td></tr>
<tr><td colspan="3" rowspan="2">实训任务成绩：
自评(20%)+小组(20%)+教师(60%)</td><td colspan="3">实训综合成绩</td><td colspan="2"></td></tr>
<tr><td colspan="3">评定日期</td><td colspan="2">年　月　日</td></tr>
</table>

任务二　检测低压电器质量

实训目标

(1)了解常用低压电器的基本结构、工作原理、图形符号、技术参数。

(2)掌握低压电器选用方法。

(3)掌握常用低压电器检测、维护方法。

(4)能进行安全文明生产,具有团队合作的精神,具有一定的组织协调能力。

(5)具有学习资料查询、整理和总结的能力。

实训准备

交流接触器、时间继电器、热继电器、行程开关、按钮及常用电工工具、导线、万用表等。

相关知识

低压电器是指工作在交流1 200 V或直流1 500 V以下电路中的各种电气元件的总称,在电路起通断、保护、控制或调节作用。

低压电器的品种规格繁多，构造各异。按用途可以分为配电电器和控制电器两类。配电电器用于配电系统中电能的输送和分配，如熔断器、刀开关、转换开关、低压断路器等；控制电器主要用于自动控制系统和用电设备中，如接触器、继电器、主令电器等。按动作方式分为自动操作电器和手动操作电器。自动操作电器是依靠外部信号的作用或本身参数的变化自动完成接通或断开，如接触器、继电器等；手动操作电器是直接用手进行操作的电器，如按钮、转换开关等。

视 频

认识接触器

一、接触器

接触器是一种用于远距离频繁地接通和分断交、直流主电路和大容量控制电路的电器。还具有低电压释放保护功能、使用安全方便等优点，主要用于控制交、直流电动机，小型发电机，电热装置电焊机和电容器组等设备。接触器能接通和断开负载电流，但不能切断短路电流，因此，常与熔断器和热继电器等配合使用。

1. 结构和符号

图 4-2-1 是接触器的外形及其图形符号、文字符号。CJ20 是常用的交流接触器中的一个系列，除此之外还有 CJ0、CJ10 等。

接触器主要由电磁系统、触点系统、灭弧系统三部分组成。触点系统分为主触点、辅助触点，主触点一般为三极常开触点（动合触点），电流容量大，通常装设灭弧机构，因此具有较大的电流通断能力，主要用于大电流（主电路）；辅助触点电流容量小，不专门装设灭弧机构，主要用在小电流电路（控制电路）中起联锁或自锁作用。电磁系统包括动、静铁芯，吸引线圈和反作用弹簧。

2. 工作原理

接触器工作原理示意图如图 4-2-2 所示。当把按钮向下按下时，接触器中的电磁线圈就从按钮得到一个信号，即通过按钮当中常开触点的闭合动作，电磁线圈就经过按钮和熔断器接到电源上。当线圈通电后，产生一个磁场将静铁芯磁化，吸引动铁芯，使它向着静铁芯运动，并最终吸合在一起。接触器触点系统中的动触点是同动铁芯机械地固定在一起。当动铁芯被静铁芯吸引向下运动时，动触点也随之向下运动，并与静触点闭合。这样，电动机便经接触器的触点系统和熔断器接通电源，开始启动运转。一旦电源电压消失或明显降低，以致电磁线圈没有励磁或励磁不足，动铁芯就会因电磁吸力消失或过小而在释放弹簧的反作用力作用下释放，脱离静铁芯。与此同时，和动铁芯固定安装在一起的动触点也与静触点脱离，使电动机与电源脱开，停止运转，这就是所谓的失电压保护。

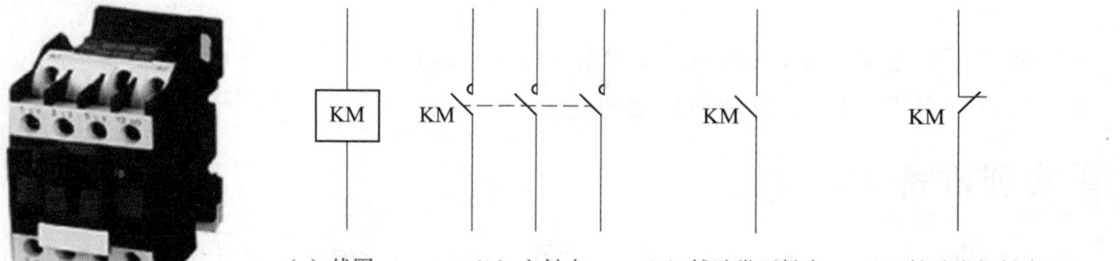

（a）线圈　（b）主触点　（c）辅助常开触点　（d）辅助常闭触点

图 4-2-1　接触器的外形及其图形符号、文字符号

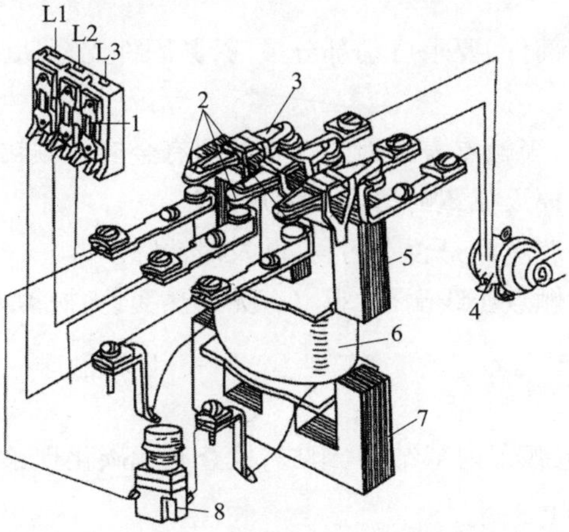

1—熔断器;2—静触点;3—动触点;4—电动机;5—动铁芯;6—线圈;7—静铁芯;8—按钮。

图 4-2-2　接触器工作原理示意图

3. 主要技术参数

(1)额定电压:指主触点正常工作的额定电压。接触器常用的额定电压等级有 220 V、380 V、660 V。

(2)额定电流:指主触点的额定电流。常用的额定电流等级有 10 A、20 A、40 A、60 A、100 A、150 A、250 A、400 A、600 A 等。

(3)吸引线圈额定电压:交流接触器吸引线圈的正常工作电压值。常用的电压等级有 220 V、380 V。

(4)主触点的接通和分断能力。主触点在规定的条件下能可靠地接通和分断的最大电流,在此电流下不会发生触点熔焊、飞弧等现象。

4. 接触器的选用

由于接触器的安装场所与控制的负载不同,其操作条件与工作的繁重程度也不同。因此,必须对控制负载的工作情况以及接触器本身的性能有一个较全面的了解,力求经济合理。接触器的选用主要依据以下几个方面:

(1)类型的选择。接触器的类型应根据电路中负载电流的种类来选择。也就是说,交流负载应使用交流接触器,直流负载应使用直流接触器。

(2)主触点额定电流的选择。接触器的额定工作电流应不小于被控电路的最大工作电流。如果用来控制电动机的频繁启动、正反转或反接制动,应将接触器的主触点的额定电流降低一个等级使用。

(3)主触点额定电压的选择。接触器的额定工作电压应不小于被控电路的最大工作电压。

(4)额定通断能力的选择。应大于通断时电路中的实际电流值,耐受过载电流能力应大于电路中最大过载电流值。

(5)吸引线圈额定电压的选择。应与所接控制电路的额定电压等级一致。

5. 接触器的安装与日常维护

1)安装

接触器在安装使用前应将铁芯端面的防锈油擦净。接触器一般应垂直安装于立面上,倾斜角度不超过 5°;安装孔的螺栓应装有垫圈,并紧固螺栓防止松脱或振动;避免异物落入接触器内。

2)日常维护

(1)定期检查接触器零部件,要求可动部分灵活,紧固件无松动,已损坏的零件应及时修理或更换。

(2)保持接触表面清洁,当触点表面因电弧烧蚀而有金属小颗粒时,应及时修磨。

(3)接触器不允许在去掉灭弧罩的情况下使用。

(4)定期检查接触器铁芯端面是否有污物,并及时清除。

(5)定期检查接触器主触点压线端子,观察有无过热变色、松动现象。

6.接触器的拆装与检测

1)拆卸和装配

(1)拆卸灭弧罩,观察灭弧罩内部结构、组成,检查有无碳化现象,如有碳化现象,用锉刀或小刀刮掉,并将灭弧罩内吹干净。

(2)记录主触点、辅助触点的数量,用万用表检测触点的通断情况。用手或工具压下主触点,模拟触点吸合,观察辅助触点的动作情况,并用万用表测量其通断情况。

(3)拆底盖螺钉,取下盖板,取出铁芯、铁皮支架和缓冲弹簧。用尖嘴钳拔出线圈与接线柱之间的连接线,取出电磁线圈、反作用弹簧、衔铁和胶木支架,检查动、静铁芯接合处是否紧密,检查短路环是否完好。

(4)把所有的零件按类别或拆卸顺序摆放整齐并进行拍照,以便核对。

(5)按与拆卸相反的顺序进行安装:装反作用弹簧、装电磁线圈、装缓冲弹簧、装铁芯、装底盖、上螺钉等。

2)更换和修整触点

(1)更换辅助触点:松开压线螺钉,拆下静触点,用尖嘴钳夹住动触点向外拆,拆卸动触点。安装辅助触点时,将静触点插在相应安装位置上,将螺钉拧紧,用镊子或尖嘴钳夹住动触点插入原位置,注意应插在触点弹簧两端金属片与胶木框之间。

(2)更换主触点:拆卸固定螺钉取下静触点,接着将金属框向上拉起,触点弹簧被压缩;然后将动触点翻转一定角度即可取出动触点。检查触点的磨损状况,决定是否修整或更换触点。组装时,应注意各部分零件必须到位,无卡阻现象。

3)安装灭弧罩

在整个拆装过程中,不允许硬撬,拆装灭弧罩时要轻拿轻放,避免碰撞。

4)检测

装配后进行通断试验,测量主触点和辅助触点的接触电阻。

二、时间继电器

1.类型和符号

从得到输入信号(线圈的通电或断电)开始,经过一定的延时后才输出信号(触点的闭合或断开)的继电器,称为时间继电器。时间继电器被广泛应用于电动机的启动控制和各种自动控制系统。时间继电器的文字符号为KT,图形符号如图4-2-3所示。时间继电器的种类很多,按动作原理分为电磁式、电动式、空气阻尼式、电子式等;按延时方式分为通电延时型和断电延时型。

1)空气阻尼式时间继电器

空气阻尼式时间继电器由电磁系统、延时机构和触点系统等三部分组成。电磁机构有交流、直流两种。延时方式有通电延时和断电延时。空气阻尼式时间继电器如图4-2-4所示。

动 画

电子式时间继电器检测

图 4-2-3　时间继电器的图形符号

2)电子式时间继电器

电子式时间继电器多用于电力传动、自动顺序控制及各种过程控制系统中。电子式时间继电器除了执行继电器外，均由电子元件组成，没有机械零件，因而具有寿命和精度较高、延时范围宽、体积小、工作可靠的优势，逐步取代传统的电磁式、空气阻尼式时间继电器。电子式时间继电器如图 4-2-5 所示。

图 4-2-4　空气阻尼式时间继电器

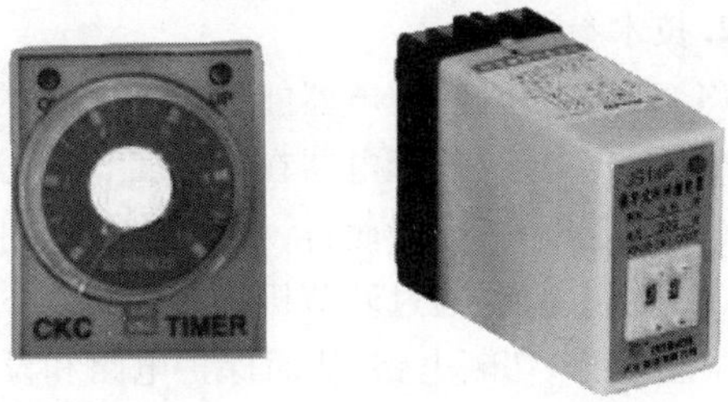

图 4-2-5　电子式时间继电器

2. 时间继电器的选用

(1)延时方式的选择：时间继电器延时方式有通电延时型和断电延时型两种，因此选用时应确定采用哪种延时方式更方便组成控制线路。

(2)类型选择：凡对延时精度要求不高的场合，一般宜采用价格较低的电磁阻尼式(电磁式)或空气阻尼式(气囊式)时间继电器；若对延时精度要求很高，则宜采用电子式时间继电器。

(3)电压线圈的选择：根据控制电路电压选择时间继电器吸引线圈的电压。

(4)电源参数变化的选择：在电源电压波动大的场合，采用空气阻尼式或电动机式比电子式好；而在电源频率波动大的场合，则不宜采用电动机式时间继电器；在温度变化较大处，则不宜采用空气阻尼式时间继电器。

三、热继电器

视 频

热继电器类型与选用

热继电器是热过载继电器的简称，它是依靠电流通过发热元件所产生的热量而动作的一种电器。热继电器常与接触器配合使用，主要用于电动机的过载、断相电流不平衡运行的保护及其他电气设备发热状态的控制。

1. 结构与类型

热继电器按动作方式可分为三种：

(1)双金属片式：利用两种膨胀系数不同的双金属片受热弯曲去推动执行机构动作的继电器。

(2)热敏电阻式：利用电阻值随温度变化而变化的特性制成的热继电器。

(3)易熔合金式：利用过载电流发热使易熔合金达到某一温度时，合金熔化而使继电器动作。

目前应用最多的是双金属片热继电器。热继电器结构及其图形与文字符号如图 4-2-6 所示。

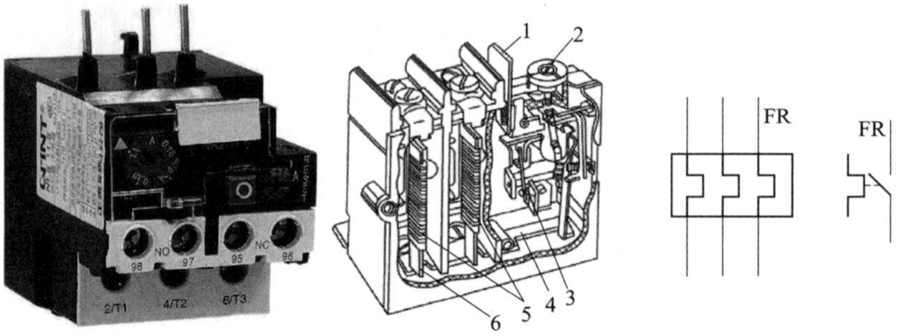

（a）结构　　　　（b）图形与文字符号

1—复位按钮；2—电流调节旋钮；3—触点；4—推杆；5—加热元件；6—双金属片。

图 4-2-6　热继电器结构及其图形与文字符号

2. 技术参数

（1）额定电压：热继电器能够正常工作的最高电压值，一般为交流 220 V、380 V、660 V。

（2）额定电流：热继电器在正常工作状态下允许长期通过的最大电流值。

（3）额定频率：一般而言，其额定频率按照 45～62 Hz 设计。

（4）整定电流：通过调节机构人为设定的动作阈值。当电路中的电流超过这个设定值时，热继电器会动作，切断电路，从而保护电路和设备免受损坏。

3. 热继电器的选用

热继电器选用是否得当，直接影响对电动机过载保护的可靠性。通常选用时应按电动机型式、工作环境、启动情况及负载情况等几方面综合加以考虑。

（1）热元件的额定电流等级一般应为电动机额定电流的 0.95～1.05 倍。

（2）一般情况下可选用两相的热继电器。对于电网电压均衡性较差，无人看管的电动机或大容量电动机共用一组熔断器的电动机，宜选用三相结构的热继电器。定子三相绕组为三角形联结的电动机，应采用有断相保护的三元件热继电器做过载和断相保护。

（3）热继电器的工作环境温度与被保护设备的环境温度差别不应超出 15～25 ℃。

（4）双金属片式热继电器一般用于轻载、不频繁启动电动机的过载保护。对于重载、频繁启动的电动机，则可用过电流继电器（延时动作型）做它的过载和短路保护。因为热元件受热变形需要时间，故热继电器不能做短路保护。

4. 热继电器的常见故障及日常维护

热继电器的常见故障主要有热元件烧坏、热继电器误动作、接触不良等情况。

（1）热元件烧坏。当热继电器负荷侧出现短路或电流过大时，会使热元件烧断。这时应切断电源检查电路，排除电路故障，重新选用合适的热继电器，更换后应重新整定电流值。

（2）热继电器误动作。误动作的原因：整定值偏小，以致出现未过载就动作；电动机启动时间过长，引起继电器在启动过程中动作；设备操作频率过高，使热继电器经常受到启动电流的冲击而动作；使用场合有强烈的冲击或振动，使热继电器操作机构松动而使常闭触点断开；环境温度过高或过低，使热继电器出现未过载而误动作，或出现过载而不动作。

（3）接触不良。热继电器常闭触点接触不良或动作机构卡死、推杆脱出等原因均会导致过载而热继电器不动作的情况。

热继电器的日常维护主要包括以下几个方面：

（1）热继电器动作后复位要一定的时间，自动复位时间应在 5 min 内完成，手动复位要在

2 min后才能按下复位按钮。

(2)当发生短路故障后,要检查热元件和双金属片是否变形,如有不正常情况,应及时调整,但不能将元件拆下。

(3)使用中的热继电器每周应检查一次,具体内容是:热继电器有无过热、异味及放电现象,各部件螺钉有无松动、脱落及接触不良,表面有无破损及污染。

(4)使用中的热继电器每年应检修一次,具体内容是:对热继电器进行清扫;检查并修理零部件,消除缺陷;测试绝缘电阻应大于1 MΩ,通电校验。

(5)更换热继电器时,新安装的热继电器必须符合原来的规格与要求。

(6)定期检查各接线点有无松动,在检修过程中绝不能折弯双金属片。

四、按钮

视频

按钮

按钮又称按钮开关或者控制按钮,是一种短时间接通或断开小电流电路的手动控制器,一般用于电路中发出启动或停止指令,以控制电磁起动器、接触器、继电器等电器线圈的接通或断开,再由它们去控制主电路。常见按钮实物图如图4-2-7所示。

图 4-2-7　常见按钮实物图

按钮的结构及图形符号如图4-2-8所示,它主要由按钮帽、复位弹簧、触头、接线柱和外壳等组成。按钮的工作原理:当用手按下按钮帽时,动断触点断开,动合触点接通;而当手松开后,复位弹簧便将按钮的触点恢复原位,从而实现对电路的控制。

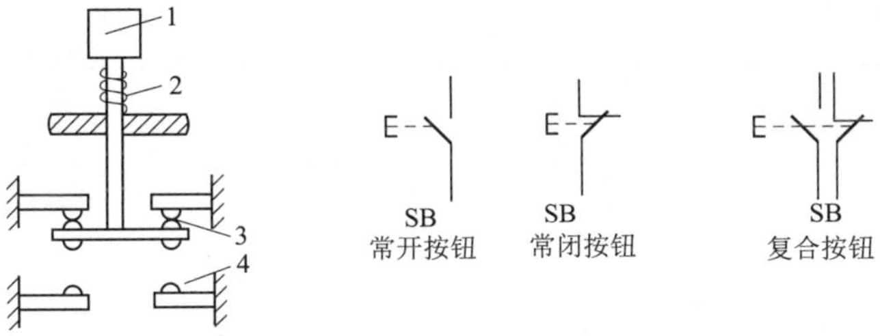

(a)结构示意图　　(b)图形符号和文字符号

1—按钮帽;2—复位弹簧;3—动断触点(常闭触点);4—动合触点(常开触点)。

图 4-2-8　按钮结构示意图及其图形符号和文字符号

五、行程开关

视频

认识行程开关

行程开关又称限位开关或位置开关,其原理和按钮相同,只是靠机械运动部件的挡铁撞击行程开关而使其常开触点闭合、常闭触点断开,从而对控制电路发出接通、断开的转换命令。行程开关主要用于控制生产机械的运动方向、行程的长短和限位保护。

行程开关可以分为直动式、滚轮式和微动式。行程开关的文字符号为 SQ，实物图和图形符号如图 4-2-9 所示。

视 频

行程开关检测

（a）直动式

（b）滚动式

（c）微动式

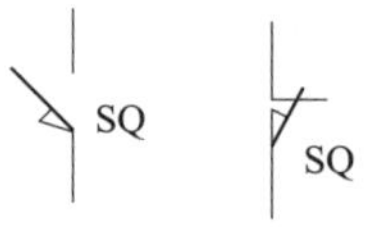

（a）常开触头 （b）常闭触头

（d）图形与文字符号

图 4-2-9 行程开关实物图及其图形与文字符号

学习笔记

技能训练

实训工单见表4-2-1。

表 4-2-1　检测低压电器质量实训工单

实训任务名称	检测低压电器质量		时间		地点	
班级		姓名		学号		
实训小组		组长		成员		

(一)引导问题

写出实训选用的以下低压电器的参数：

1. 交流接触器：________________。

2. 热继电器：________________。

3. 时间继电器：________________。

(二)实训任务

实训任务 1　检测交流接触器

检测交流接触，将结果记录在表 1 中。

表 1　交流接触器检测记录表

型号：			容量：	
触点系统	主触点		辅助触点	
	数量	额定值	常开辅助触点数量	常闭辅助触点数量
	检测触点通断情况		检测触点通断情况	
			常开辅助触点	常闭辅助触点
电磁系统	电磁线圈			
	工作电压/V		直流电阻/Ω	

实训任务 2　检测时间继电器

观察并检测时间继电器，将结果记录在表 2 中。

表 2　时间继电器检测记录表

型号：			延时范围：	
触点系统	瞬动触点数量		延时触点数量	
	常开触点	常闭触点	常开触点	常闭触点
检测触点通断情况	吸合：			
	释放：			
调整延时时间	观察时间继电器动作情况：			

实训任务3　检测与整定热继电器

检测与整定热继电器，将结果记录在表3中。

表3　热继电器检测与整定记录表

型号：	相数：	额定电流：
检测与调试内容	结　论	
热元件		
常开触点		
常闭触点		
调节旋钮		
手动复位按钮		

考核评价与反馈

一、考核评价标准

考核评价标准见表4-2-2。

表4-2-2　考核评价标准

评价项目	评价内容	评价标准	分数
综合素养	工作现场整理、整顿	整理、整顿不到位，扣5分	20
	操作遵守安全规范要求	违反安全规范要求，每次扣5分	
	遵守纪律，工作参与积极性和主动性	不遵守教学纪律，有迟到、早退等违纪现象，每次扣2分；参与不积极主动，扣5～10分	
实训工作过程	引导问题知识清楚，明确	回答错误，每处错误扣2分	10
	交流接触器识读正确，检测规范、记录书写认真、规范	检测不规范，每错一项扣2分；检测结果不正确，每错一项扣5分；书写不认真，扣2分	20
	时间继电器识读正确，检测规范、记录书写认真、规范	检测不规范，每错一项扣2分；检测结果不正确，每错一项扣5分；书写不认真，扣2分	20
	热继电器识读正确，检测规范、记录书写认真、规范	检测不规范，每错一项扣2分；检测结果不正确，每错一项扣5分；书写不认真，扣2分	20
实训结果	实训工单填写完整，书写认真、规范	实训工单填写不完整，每处扣2分；书写不认真、规范，扣5～10分	10
总分			100

二、考核评价反馈工单

考核评价反馈工单见表4-2-3。

表 4-2-3　考核评价反馈工单

<table>
<tr><td>实训任务名称</td><td colspan="3">检测低压电器质量</td><td>时间</td><td></td><td>地点</td><td></td></tr>
<tr><td>班级</td><td></td><td>姓名</td><td></td><td>学号</td><td colspan="3"></td></tr>
<tr><td>实训小组</td><td></td><td>组长</td><td></td><td>成员</td><td colspan="3"></td></tr>
<tr><td colspan="4">自评分数:__________
学生签字:__________</td><td colspan="4">学生任务完成过程中遇到的问题、难点记录:</td></tr>
<tr><td colspan="4">小组评分:__________
组长签字:__________</td><td colspan="4">组长对组员任务完成情况记录:</td></tr>
<tr><td colspan="4">教师评分:__________
教师签字:__________</td><td colspan="4">教师点评与反馈:</td></tr>
<tr><td colspan="4" rowspan="2">实训任务成绩:
自评(20%)+小组(20%)+教师(60%)</td><td colspan="2">实训综合成绩</td><td colspan="2"></td></tr>
<tr><td colspan="2">评定日期</td><td colspan="2">年　月　日</td></tr>
</table>

任务三　安装与调试三相异步电动机基本控制电路

实训目标

(1)了解三相异步电动机基本控制线路的工作原理及应用场景。

(2)掌握电气控制电路安装工艺。

(3)能按照工艺要求正确安装三相异步电动机控制线路。

(4)会使用仪表检查和调试三相异步电动机控制线路。

(5)能进行安全文明生产,具有团队合作的精神,具有一定的组织协调能力。

(6)具有学习资料查询、整理和总结的能力。

实训准备

万用表、十字槽螺丝刀、一字槽螺丝刀、钢丝钳、尖嘴钳、电工刀、剥线钳、交流接触器、断路器、热继电器、按钮、时间继电器、行程开关、三相笼型异步电动机、导线等。

相关知识

装配电动机控制线路应遵循以下步骤:根据电动机控制运行要求绘制电气原理图,根据电气原理图选取电气元件及设备,按照原理图和规范要求进行安装接线、检测检查并试车。

一、识读电气原理图

1. 电气原理图构成

电气原理图是用国家标准规定的图形符号和文字符号表示各个电气元件之间的连接关系和电气控制线路工作原理的图形。电气原理图包括主电路和控制电路，它们和辅助电路（照明电路、保护电路等）一起构成电气控制系统。主电路是从电源到电动机的大电流通过的路径，由电源、电动机及其他用电设备构成。控制电路一般由接触器和继电器线圈以及各种电器的触点组合构成，具有一定的控制逻辑，用于实现所需的控制要求。图 4-3-1 是某普通车床电气控制原理图。

视 频

识读电气原理图

2. 电气原理图识读方法

（1）电气原理图分区。在电气原理图的下方，将图分成若干图区，从左到右用数字编号，这是为了便于检索电气线路，方便阅读和分析。图上方的文字标明其对应下方元件或线路的功能，以便于理解电路的工作原理。在继电器、接触器线圈下方列有触点表，以说明线圈和触点的从属关系，数字表示该接触器或继电器的触点在哪个区中，对未使用的触点用"×"表示。

（2）电气原理图中，电气元件采用展开的形式绘制，如属于同一接触器的线圈和触点分开来画，但同一元器件的各个部件必须标注相同的文字符号。当电路中使用多个相同类型的电器时，要在文字符号后面标注不同的数字符号，如 KM1、KM2 等。

（3）电气原理图中所有的电气设备的触点均在常态下绘出，即按没有通电和没有外力作用时的状态绘制。

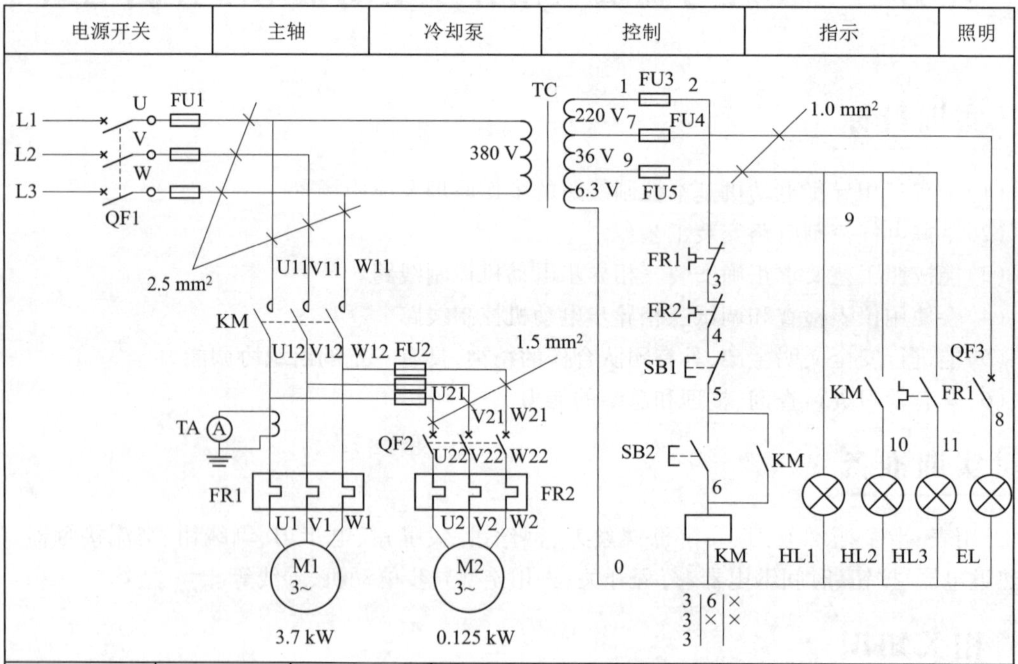

图 4-3-1　某普通车床电气控制原理图

（4）电气原理图的布局安排便于阅读分析。采用垂直布局时，动力线路的电源线绘制成水平线，主电路用垂直线绘制在图左侧，控制电路用垂直线绘制在图右侧，耗电元件（如电器的线圈、电磁铁、信号灯等）画在电路的最下方。

（5）在电气原理图中，各电气元件按照动作顺序从上到下，从左到右依次排列，并尽量避免交叉，有直接电联系的交叉导线的连接点，要用黑圆点表示；无直接电联系的交叉导线，交叉处不能画黑圆点。

二、元器件安装工艺要求

（1）元器件布局合理，各元器件用标准件固定安装。

（2）元器件安装必须牢固、可靠、正确，不可有松动现象。

（3）在元器件安装定位后，可在醒目处贴上编号。

（4）熔断器的进线和出线端位置不能装错。

（5）各元器件的铭牌标记朝上，能让人一目了然。

（6）各元器件安装位置应整齐、匀称、合理，元器件相互之间存有一定间隙，便于元器件的通风散热。

（7）紧固各元器件时，要用力均匀，紧固程度适当，尤其是对熔断器、接触器等易碎裂元件紧固时，应更加谨慎，以免损坏。

视 频

布线规范

三、布线工艺要求

（1）线槽布线。导线布线必须按线槽位置方向走线，进入线槽的导线要完全置于走线槽内，并能方便盖上线槽盖，一般装线不超过其线槽容量的70%，以便装配和维修。

（2）布线通道尽可能少，同路并行导线按主、控电路分类集中，单层密排，紧贴安装面布线。

（3）各电气元件接线端子上引进（或引出）的导线，除间距很小和元件机械强度很差允许直接架空敷设外，其他导线必须经过走线槽进行连接。

（4）同一平面的导线应高低一致，不能交叉，非交叉不可时，该根导线在接线端子引出时，应水平架空跨越，但必须走线合理。

（5）布线应横平竖直，分布均匀、成束，变换走向时应垂直。

（6）布线时严禁损伤线芯和导线绝缘。

（7）布线顺序一般以接触器为中心，由里向外，由低至高，先控制电路，后主电路进行，以不妨碍后续布线为原则。

（8）在每根剥去绝缘层导线的两端，可套上符合图纸要求编码的套管，以便于检查、维修。

（9）所有从一个接线端子（或接线桩头）到另一个接线端子（或接线桩头）的导线必须连续，中间无接头。

（10）导线与接线端子（或接线桩头）连接时，不得压入绝缘层，也不能露铜过长。

（11）同一个元件、同一回路的不同接点的导线间距离应保持一致。

（12）一个电气元件接线端子上的连接导线不得多于两根，每个接线端子板上的连接导线一般只允许连接一根。

（13）主电路和控制电路的连线最好用颜色线加以区别，以便于检查，其导线的规格应按电动机的有关技术要求合理选用。

四、电路检查方法

（1）按电气原理图从电源端开始，逐段核对，有无漏接、错接之处。

（2）检查导线接点压接是否牢固，接触良好，以免带负载运行时产生闪弧现象。

（3）用万用表检查线路的通断情况，对控制电路的检查，可将表笔分别搭在控制电路电源线两端上，读数应为“∞”。按下启动按钮时，读数应为接触器线圈的直流电阻值。然后断开控制电路再检查主电路有无开路或短路现象。

（4）检验控制板内部布线的正确性，一般应在不通电的情况下进行，必要时也可进行通电校验。

（5）控制板外部配线时，必须使导线有适当的机械保护，以能确保安全为条件，如对电动机或可调整部件上电气设备的配线，可以采用多芯橡皮线或塑料护套软线来保证。

视 频

电路故障检查及排除

五、通电调试注意事项

（1）通电试车时，必须一人监护（征得教师同意接通三相电源 L1、L2、L3），一人操作。

（2）合上电源开关，按下启动按钮，观察接触器情况是否正常，是否符合线路功能要求；观察电气元件动作是否灵活，有无卡阻及噪声过大等现象；观察电动机运行是否正常等。但不得对线路接线是否正常进行带电检查。观察过程中，若有异常现象应马上停车。

（3）出现故障后，应立即切断电源，检查排除故障后再上电。

（4）通电试车完毕后切断电源，先拆除电源线，再拆除电动机线。

六、三相异步电动机基本控制线路

1. 三相异步电动机单向连续运行控制线路

生产机械连续运转是最常见的形式，要求拖动生产机械的电动机能够长时间运转。实现生产机械连续运转是最常用的控制线路。

三相异步电动机单向连续运行电路如图 4-3-2 所示，包括主电路和控制电路。主电路是从电源到电动机的大电流通过的路径，包括断路器 QF1、熔断器 FU1、接触器 KM 主触点、热继电器 FR 的热元件到电动机 M。控制电路由断路器 QF2、按钮、接触器 KM 线圈及其辅助触点、热继电器 FR 的常闭触点组成。

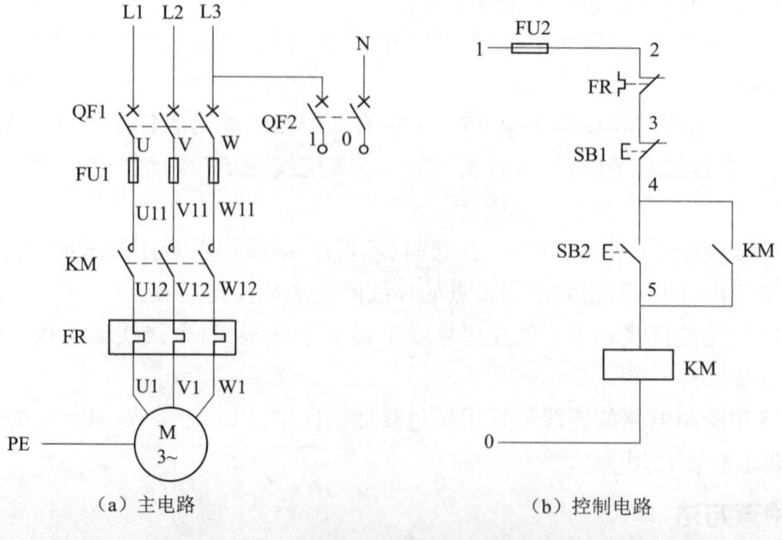

（a）主电路　　（b）控制电路

图 4-3-2　三相异步电动机单向连续运行

1）电路的工作过程

合上断路器，当按下启动按钮 SB2 时，接触器 KM 线圈通电，主触点和常开辅助触点闭合，电动机 M 启动旋转，按下停止按钮 SB1，KM 线圈断电，KM 主触点和辅助触点断开，电动机 M 断电停止运转。

2）自锁控制

当松开按钮时，电动机不会停转，因为这时接触器 KM 线圈可以通过辅助触点继续维持通电，保证主触点 KM 仍处在接通状态，电动机 M 就不会失电停转。这种松开按钮仍然自行保持线圈通电的控制电路称为具有自锁（或自保）的接触器控制电路，简称自锁控制电路，与 SB2 并联的接触器常开触点称自锁触点。

3）保护环节

（1）短路保护。熔断器 FU1、FU2 实现电路的短路保护。

（2）过载保护。热继电器 FR 实现电路的过载保护。当电动机长期过载时，其常闭触点断开，控制电路断电，从而使 KM 主触点断开，起到保护电动机的作用。

（3）失电压、欠电压保护。通过接触器 KM 的自锁环节来实现。当电源由于某种原因而严重欠电压或失电压（如停电）时，接触器 KM 断电释放，电动机停止转动。当电源电压恢复正常时，接触器线圈不会自行通电，电动机不会自行起动，只有在操作人员重新按下启动按钮后，电动机才能启动。这种控制电路能够防止电源电压严重下降时电动机欠电压运行，也能够防止电源电压恢复时，电动机自行启动而造成设备和人身事故。

2. 三相异步电动机正反转运行控制线路

在实际生产中，经常要求生产机械改变运动方向，如工作台的前进、后退，电梯的上升、下降等，这就要求电动机能实现正转、反转。根据三相异步电动机工作原理，要实现正反转，只要改变电动机定子绕组两相电源相序就可以实现了，电源相序的改变可以通过两个接触器来实现。

三相异步电动机双重联锁的正反转运行控制线路如图 4-3-3 所示。

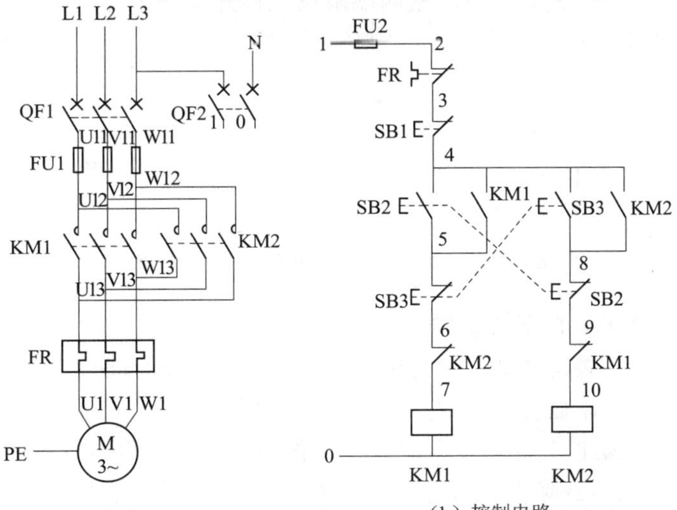

（a）主电路　　　　（b）控制电路

图 4-3-3　三相异步电动机双重联锁的正反转运行控制线路

1）工作过程

正转控制：按下正转按钮 SB2→接触器 KM1 线圈得电→KM1 主触点闭合→电动机正转，同时

KM1 的自锁触点闭合,KM1 的互锁触点断开。

反转控制:按下反转按钮 SB3→SB3 的互锁常闭触点断开→接触器 KM1 线圈失电→接触器 KM2 线圈得电→KM2 主触点闭合,电动机开始反转,同时 KM2 的自锁触点闭合,KM2 的互锁触点断开。

2)接触器换相

利用两个交流接触器交替工作,改变电源接入电动机的相序实现电动机正反转控制。

3)互锁控制

(1)电气互锁(接触器互锁)。为了避免正转和反转两个接触器同时动作造成相间短路,在两个接触器线圈所在的控制电路上加了电气联锁,即将正转接触器 KM1 的常闭辅助触点与反转接触器 KM2 的线圈串联;又将反转接触器 KM2 的常闭辅助触点与正转接触器 KM1 的线圈串联。这样,两个接触器互相制约,使得任何情况下不会出现两个线圈同时得电的状况,起到保护作用。

(2)机械互锁(按钮互锁)。复合启动按钮 SB2,SB3 也具有互锁作用。SB2 的常闭触点串接在 KM2 线圈的供电线路上,SB3 的常闭触点串接在 KM1 线圈的供电线路上,这种互锁关系能保证一个接触器断电释放后,另一个接触器才能通电动作,从而避免因操作失误造成电源相间短路。按钮和接触器的复合互锁使电路更安全可靠。

(3)双重互锁(双重联锁)。既有"电气互锁",又有"机械互锁",故称为"双重互锁",此种控制线路工作可靠性高,操作方便,为电力拖动系统所常用。

三相异步电动机拖动设备部件自动往返是双重互锁(双重联锁)的电动机正反转运行控制线路的一种应用场景。

货物升降机由三相异步电动机拖动在一层和二层之间自动往返运行;运料小车由三相异步电动机拖动在 AB 两地间自动往返运行,在 A 地小车上料,B 地小车卸料,如图 4-3-4 所示。这些工作过程需要三相异步电动机安全、自动地往复运动,通常用行程开关作为控制元件控制电动机的正反转运行。图 4-3-4 中,SQ1 和 SQ2 是两端限位行程开关,SQ3 和 SQ4 是正反向极限保护用行程开关。电气原理图如图 4-3-5 所示。

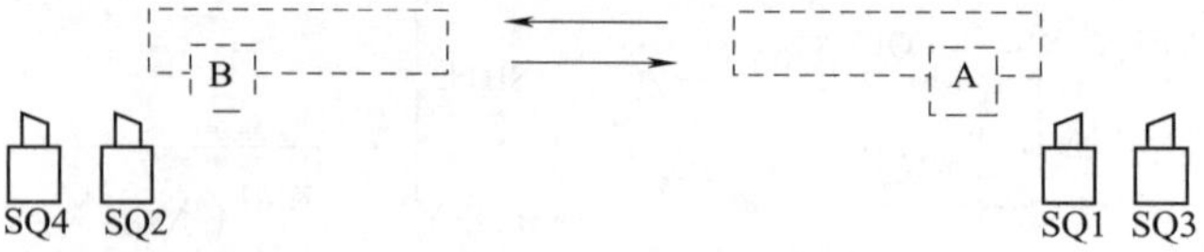

图 4-3-4　运料小车自动往返运行示意图

3. 三相异步电动机 Y-△降压启动控制线路

三相异步电动机的直接起动是一种简单、可靠且经济的启动方法,但直接启动电流大,过大的启动电流会造成电网电压显著下降,直接影响同一电网中工作的其他电动机,甚至造成这些电动机停转或无法启动。因此,三相异步电动机经常采用降压启动,以减少启动电流过大带来的影响。在各种启动方法中,Y-△降压启动是广泛应用在笼型三相异步电动机上的启动方法。

图 4-3-6 所示是常用的 Y-△降压启动控制线路。

1)接触器作用

接触器 KM1 为电源接触器,KM2 为三角形接触器,控制电动机三角形运行,KM3 为星形接触器,控制电动机星形启动。

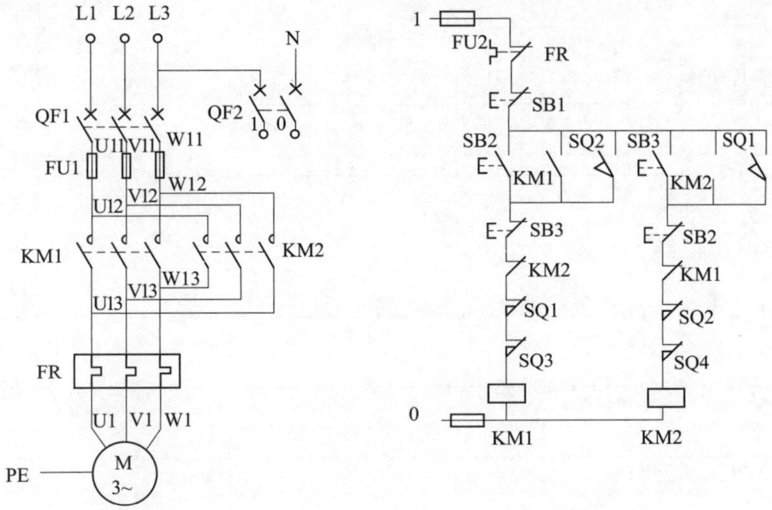

（a）主电路　　（b）控制电路

图 4-3-5　三相异步电动机自动往返控制线路

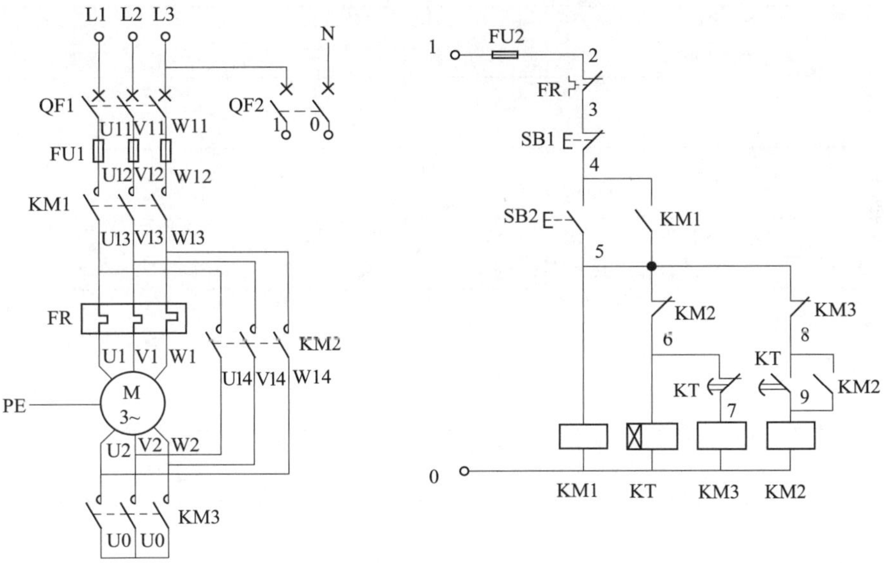

图 4-3-6　三相异步电动机 Y-△降压启动控制线路

2）工作过程

启动：合上电源断路器，按下启动按钮 SB2，KM1 接触器通电，其主触点闭合接通电源，辅助常开触点自锁；KM3 通电，其主触点将电动机定子绕组接成星形，接入三相电源进行降压启动，其辅助常闭触点接入 KM2 线圈电路进行互锁，切断 KM2 线圈电路；同时，KT 线圈通电，经一定时间延时后，KT 延时断开的常闭触点延时断开，KM3 断电释放，KT 延时闭合的常开触点延时闭合，KM2 通电自锁，KM2 主触点将电动机定子绕组接成三角形运行，同时，KM2 常闭互锁触点断开，断开 KM3、KT 线圈回路，使 KM3、KT 在电动机三角形运行时处于断电状态，使线路工作更可靠。

停止：按下停止按钮 SB1，电动机停止运行。

学习笔记

技能训练

实训工单见表 4-3-1 ~ 表 4-3-3。

表 4-3-1　安装与调试三相异步电动机连续运行控制线路实训工单

<table>
<tr><td>实训任务名称</td><td colspan="3">安装与调试三相异步电动机连续运行控制线路</td><td>时间</td><td></td><td>地点</td><td></td></tr>
<tr><td>班级</td><td></td><td>姓名</td><td></td><td>学号</td><td colspan="3"></td></tr>
<tr><td>实训小组</td><td></td><td>组长</td><td></td><td>成员</td><td colspan="3"></td></tr>
</table>

(一)引导问题

(1)在图 4-3-2 中,如果控制电路中 KM 常开辅助触点漏接,分析电动机的运行状态,并说明原因。

(2)在电力系统中,电源连接导线的颜色是如何规定的?

(二)实训任务

实训任务　安装与调试三相异步电动机连续运行控制线路

1. 选择与检测元器件

根据图 4-3-2 所示控制线路,列出控制线路所需元器件并进行检测,填写表 1。

表 1　单向连续运行控制线路元器件明细表

电气符号	名称	数量	检测结果
QF			
FU			
KM			
FR			
SB			
M			

2. 安装接线

根据安装工艺要求,按图 4-3-2 完成单向连续运行控制线路安装接线。

3. 检查与调试

检查所接线路,在教师的指导下通电试车,将检查和调试结果记录在表 2 中。

表 2　单向连续运行控制线路检查与调试记录单

故障现象	检查及排除
故障现象 1:	
故障现象 2:	
故障现象 3:	

表 4-3-2　安装与调试三相异步电动机正反转运行控制线路实训工单

实训任务名称	安装与调试三相异步电动机正反转运行控制线路		时间		地点	
班级		姓名		学号		
实训小组		组长		成员		

(一)引导问题

(1)三相交流电源的相序是如何规定的?

(2)如何实现三相异步电动机反转?

(二)实训任务

实训任务　安装与调试三相异步电动机正反转运行控制线路

1. 选择与检测元器件

根据图 4-3-3 所示控制线路,列出控制线路所需元器件并进行检测,填写表 1。

表 1　正反转运行控制线路元器件明细表

电气符号	名称	数量	检测结果
QF			
FU			
KM			
FR			
SB			
M			

2. 安装接线

根据安装工艺要求,按图 4-3-3 所示完成三相异步电动机正反转运行控制线路安装接线。

3. 检查与调试

检查所接线路,在教师的指导下通电试车,将检查和调试结果记录在表 2 中。

表 2　正反转运行控制线路检查与调试记录单

故障现象	检查及排除
故障现象 1:	
故障现象 2:	
故障现象 3:	

拓展实训任务　安装与调试自动往返运行控制线路

根据安装工艺要求,按图 4-3-5,完成自动往返控制线路接线,并检查调试。

表 4-3-3　安装与调试三相异步电动机 Y-△降压启动控制线路实训工单

<table>
<tr><td>实训任务名称</td><td colspan="3">安装与调试三相异步电动机 Y-△降压启动控制线路</td><td>时间</td><td></td><td>地点</td><td></td></tr>
<tr><td>班级</td><td></td><td>姓名</td><td></td><td>学号</td><td colspan="3"></td></tr>
<tr><td>实训小组</td><td></td><td>组长</td><td></td><td>成员</td><td colspan="3"></td></tr>
<tr><td colspan="8">(一)引导问题</td></tr>
<tr><td colspan="8">分析图 4-3-6 异步电动机 Y-△降压起动控制线路中有哪些保护环节？分别用什么电器来实现？</td></tr>
<tr><td colspan="8">(二)实训任务</td></tr>
</table>

实训任务　安装与调试异步电动机 Y-△降压启动控制线路

1. 选择与检测元器件

根据图 4-3-4 所示控制线路，列出控制线路所需元器件并进行检测，填写表 1。

表 1　Y-△降压启动控制线路元器件明细表

电气符号	名称	数量	检测结果
QF			
FU			
KM			
KT			
FR			
SB			
M			

2. 安装接线

根据安装工艺要求，按图 4-3-4 所示完成三相异步电动机 Y-△降压启动控制线路安装接线。

3. 检查与调试

检查所接线路，在教师的指导下通电试车，将检查和调试结果记录在表 2 中。

表 2　Y-△降压启动控制线路检查与调试记录单

故障现象	检查及排除
故障现象 1：	
故障现象 2：	
故障现象 3：	

考核评价与反馈

一、考核评价标准

考核评价标准见表 4-3-4。

表 4-3-4　考核评价标准

评价项目	评价内容	评价标准	分数
综合素养	工作现场整理、整顿	整理、整顿不到位，扣 5 分	20
	操作遵守安全规范要求	违反安全规范要求，每次扣 5 分	
	遵守纪律，工作参与积极性和主动性	不遵守教学纪律，有迟到、早退等违纪现象，每次扣 2 分；参与不积极主动，扣 5～10 分	
实训工作过程	引导问题知识清楚、明确	回答错误，每处扣 5 分	10
	元器件选用正确，检测正确，记录书写认真、规范	元器件选用错误，每处扣 2 分；元器件检测错误，每处扣 2 分；书写不认真扣 2 分	10
	电路接线正确，符合安装规范要求	接线每错一处扣 2 分，不符合安装规范每处扣 2 分	30
	能用检测仪表检查电路，通电试车操作规范，电动机运转正常	检测仪表使用错误，每处扣 5 分；通电试车操作不规范，电动机不能正常运转，每次扣 5 分	20
实训结果	实训工单填写完整，书写认真、规范	实训工单填写不完整，每处扣 2 分；书写不认真、规范，扣 5～10 分	10
总分			100

二、考核评价反馈工单

考核评价反馈工单见表 4-3-5～表 4-3-7。

表 4-3-5　安装与调试三相异步电动机连续运行控制线路考核评价反馈工单

<table>
<tr><td>实训任务名称</td><td colspan="3">安装与调试三相异步电动机连续运行控制线路</td><td>时间</td><td></td><td>地点</td><td></td></tr>
<tr><td>班级</td><td></td><td>姓名</td><td></td><td>学号</td><td colspan="3"></td></tr>
<tr><td>实训小组</td><td></td><td>组长</td><td></td><td>成员</td><td colspan="3"></td></tr>
<tr><td colspan="3">自评分数：________
学生签字：________</td><td colspan="5">学生任务完成过程中遇到的问题、难点记录：</td></tr>
<tr><td colspan="3">小组评分：________
组长签字：________</td><td colspan="5">组长对组员任务完成情况记录：</td></tr>
<tr><td colspan="3">教师评分：________
教师签字：________</td><td colspan="5">教师点评与反馈：</td></tr>
<tr><td colspan="3" rowspan="2">实训任务成绩：
自评（20%）+小组（20%）+教师（60%）</td><td colspan="3">实训综合成绩</td><td colspan="2"></td></tr>
<tr><td colspan="3">评定日期</td><td colspan="2">年　月　日</td></tr>
</table>

表 4-3-6　安装与调试三相异步电动机正反转运行控制线路考核评价反馈工单

<table>
<tr><td>实训任务名称</td><td colspan="2">安装与调试三相异步电动机正反转运行控制线路</td><td>时间</td><td></td><td>地点</td><td></td></tr>
<tr><td>班级</td><td></td><td>姓名</td><td></td><td>学号</td><td colspan="2"></td></tr>
<tr><td>实训小组</td><td></td><td>组长</td><td></td><td>成员</td><td colspan="2"></td></tr>
<tr><td colspan="3">自评分数:________
学生签字:________</td><td colspan="4">学生任务完成过程中遇到的问题、难点记录:</td></tr>
<tr><td colspan="3">小组评分:________
组长签字:________</td><td colspan="4">组长对组员任务完成情况记录:</td></tr>
<tr><td colspan="3">教师评分:________
教师签字:________</td><td colspan="4">教师点评与反馈:</td></tr>
<tr><td colspan="3" rowspan="4">实训任务成绩:
自评(20%)+小组(20%)+教师(60%)</td><td colspan="2">正反转运行实训成绩</td><td colspan="2"></td></tr>
<tr><td colspan="2">实训综合成绩</td><td colspan="2"></td></tr>
<tr><td colspan="2">自动往返拓展任务实训成绩</td><td colspan="2"></td></tr>
<tr><td colspan="2">评定日期</td><td colspan="2">年　月　日</td></tr>
</table>

表 4-3-7　安装与调试三相异步电动机 Y-△降压启动控制线路考核评价反馈工单

<table>
<tr><td>实训任务名称</td><td colspan="2">安装与调试三相异步电动机 Y-△降压启动控制线路</td><td>时间</td><td></td><td>地点</td><td></td></tr>
<tr><td>班级</td><td></td><td>姓名</td><td></td><td>学号</td><td colspan="2"></td></tr>
<tr><td>实训小组</td><td></td><td>组长</td><td></td><td>成员</td><td colspan="2"></td></tr>
<tr><td colspan="3">自评分数:________
学生签字:________</td><td colspan="4">学生任务完成过程中遇到的问题、难点记录:</td></tr>
<tr><td colspan="3">小组评分:________
组长签字:________</td><td colspan="4">组长对组员任务完成情况记录:</td></tr>
<tr><td colspan="3">教师评分:________
教师签字:________</td><td colspan="4">教师点评与反馈:</td></tr>
<tr><td colspan="3" rowspan="2">实训任务成绩:
自评(20%)+小组(20%)+教师(60%)</td><td colspan="2">实训综合成绩</td><td colspan="2"></td></tr>
<tr><td colspan="2">评定日期</td><td colspan="2">年　月　日</td></tr>
</table>

项目五
直流稳压电源的设计与制作

任务一　识别与检测电子元器件

实训目标

(1)了解常用电子元器件在电路中的作用。

(2)熟悉电子元器件分类、标称方法、引脚、极性等。

(3)掌握万用表测量电子元器件的基本方法。

(4)能进行安全文明生产,具有团队合作的精神,具有一定的组织协调能力。

(5)具有学习资料查询、整理和总结的能力。

实训准备

电子工艺实训台、万用表、电阻器、电容器、二极管等。

相关知识

一、电阻器

电阻器(简称电阻)在电路中用"R"加数字表示,如 R1 表示编号为 1 的电阻。电阻在电路中的主要作用为分流、限流、分压、偏置等。

1. 参数识别

电阻的单位为欧姆(Ω),倍率单位有:千欧(kΩ)、兆欧(MΩ)等。换算方法是:1 MΩ = 1 000 kΩ = 1 000 000 Ω。

电阻的参数标注方法有三种,即直标法、数标法和色标法。

数标法主要用于贴片等小体积的电路,如 472 表示 47 × 100 Ω(即 4.7 kΩ);104 则表示100 kΩ。色标法使用最多,如四色环电阻、五色环电阻(精密电阻)。

2. 色环表示法

指用不同颜色的色环在电阻表面上标示出电阻主要参数的方法(见图 5-1-1),其数值和允许偏差见表 5-1-1。其中有四色环和五色环之分,四色环电阻允许偏差比五色环要大,一般用于普通电子产品上,而五色环电阻一般都是金属氧化膜电阻,主要用于精密设备或仪器上。

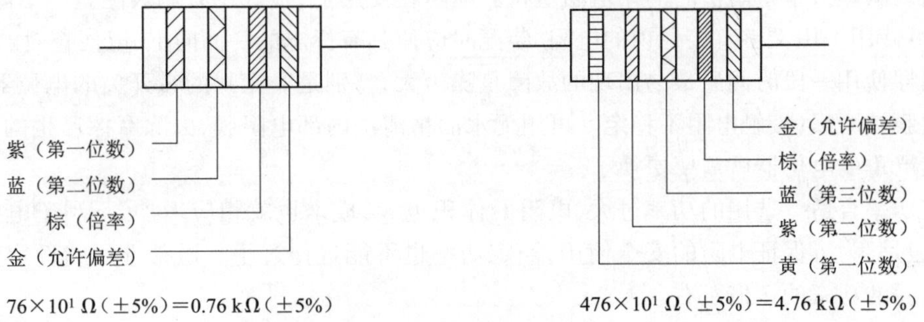

图 5-1-1　电阻器色环法示例

表 5-1-1　不同颜色所表示的数值和允许偏差

颜色	有效数字	倍率	允许偏差(%)
银色	—	×0.01	±10
金色	—	×0.1	±5
黑色	0	×1	/
棕色	1	×10	±1
红色	2	×100	±2
橙色	3	×1 000	/
黄色	4	×10 000	/
绿色	5	×100 000	±0.5
蓝色	6	×1 000 000	±0.2
紫色	7	×10 000 000	±0.1
灰色	8	×100 000 000	/
白色	9	×1 000 000 000	/

3. 电阻器的质量检测

电阻器的质量好坏是比较容易鉴别的，对新买的电阻器先要进行外观检查，看外观是否端正，标识是否清晰，保护漆层是否完好。然后可以用万用表的电阻挡测量一下电阻器的阻值，看其阻值与标称阻值（电阻器上所标注的阻值）是否一致，相差之值是否在允许偏差范围之内。

检测半可调电阻器的质量时，先用万用表测量整个电阻的总阻值，然后再将万用表的表笔分别接在其中的一个固定端和活动端，同时慢慢调动阻值，在万用表上看电阻值的大小是否连续变化（由大到小或由小到大）。如阻值能连续变化，说明半可调电阻器是好的。

检测电位器的质量时，先用万用表测量电位器 1-3 端的总阻值，然后看是否在标称范围内；再用万用表的表笔接于 1-2 端或 2-3 端间，同时慢慢转动电位器的轴，看万用表的指针是否连续，均匀地变化，如不连续（调动）或变化过程中电阻值不稳定，则说明内部接触不良；然后测量电位器开关 4-5 端是否起作用，接触是否良好；最后测量电位器各端子与外壳（金属）及旋转轴间的绝缘电阻是否接近。

4. 电阻器的使用常识

用万用表测量电路中的电阻时，首先应把电路中的电源切断，然后将电阻器的一端与电路断开，以免电路元件的并联影响测量的准确性。测量电阻时，不允许用两只手同时接触万用表的表笔的两端，否则会将人体电阻并联于被测电阻器上而影响测量的准确性。

要精确测量某些电阻值时需用电阻电桥。电阻在使用前,最好用万用表测量一下阻值,查对无误,方可使用。用文字直接标识的电阻,装配时应使其有标志的一面向上,以便查对。

电位器使用一段时间后最易出现的故障是噪声大,特别是非密封的带开关的电位器,主要原因是电阻膜被磨损,接触电阻不稳定。可用无水酒精清洗内部电阻膜,去除摩擦产生的碳粉及污垢。当然严重的电位器就需要更换了。

额定功率合适。选用的功率过大,电阻的体积也大,成本也就相应增加,不利于电路的设计和装配;但是,为了保证电阻的安全使用,额定功率也不能选得过小。通常选用的额定功率应大于实际消耗的功率的 2 倍左右。

允许偏差大小合适。一般选用的电阻与电路图中的设计值有 10% 的浮动。个别阻值要求精确的地方,其安装说明中会特别指出。因此,一般可使用误差环是银色的电阻,个别地方应使用五色环精密电阻。

由于电子装置中大量使用小型和超小型电阻,所以焊接时使用尖细的烙铁头,功率在 30 W 以下。尽可能不要把引线剪得过短,以免在焊接时热量传入电阻内部,引起阻值的变化。

二、电容器

(1)电容器(简称电容)在电路中一般用“C”加数字表示(如 C13 表示编号为 13 的电容)。电容是由两片金属膜紧靠,中间用绝缘材料隔开而组成的元件。电容的特性主要是隔直流、通交流。电容容量的大小就是表示能储存电能的大小,电容对交流信号的阻碍作用称为容抗,它与交流信号的频率和电容量有关。容抗 $X_C = 1/2\pi fC$(f 表示交流信号的频率,C 表示电容容量)。电话机中常用电容的种类有电解电容、瓷片电容、贴片电容、独石电容、钽电容和涤纶电容等。

(2)参数标注方法:直标法、字母表示法和数字表示法。

电容的基本单位用法拉(F)表示,其他单位还有:毫法(mF)、微法(μF)、纳法(nF)、皮法(pF)。其中,$1\ \text{F} = 10^3\ \text{mF} = 10^6\ \mu\text{F} = 10^9\ \text{nF} = 10^{12}\ \text{pF}$。

容量大的电容,其容量值在电容上直接标明,如 10 μF/16 V;容量小的电容,其容量值在电容上用字母或数字表示,字母表示法:1 mF = 1 000 μF,1P2 = 1.2 pF,1 nF = 1 000 pF。数字表示法:一般用三位数字表示容量大小,前两位表示有效数字,第三位数字是倍率,如 102 表示 10×10^2 pF = 1 000 pF,224 表示 22×10^4 pF = 0.22 μF。

(3)电容容量误差。如一瓷片电容为 104 J,表示容量为 0.1 μF、允许偏差为 ±5%。

(4)电容器质量检测。在没有专用电容表的条件下,电容器的好坏及质量高低可以用万用表的电阻挡加以判断。对于容量在 0.1 μF 以下的无极性电容器,可以用万用表欧姆挡(R×10k)测量电容器两端,指针应向右微微摆动,然后迅速摆至“∞”,这说明电容器是好的。如果测量时,万用表的指针一下向右摆到“0”之后,并不回摆,说明该电容器已击穿短路,不能用了。又如测量时,万用表的指针向右微微摆动之后,并不回摆到“∞”,说明该电容器有漏电现象,其电阻越小,漏电越大,该电容器的质量越差。再如测量时,万用表的指针没有摆动,说明该电容器断路了,也就不能用了。

电解电容器的容量大,两引出线有极性之分,长引脚为正极,短引脚为负极。在电路中,电容器的正极接电位较高的点,负极接电位较低的点,极性接错了,电容器有击穿爆裂的危险。外壳上,用“+”或“-”分别表示正极或负极,靠近“+”号的那一条引线就是正极,另外的一条引线就是负极。检测时,一般万用表的欧姆挡(R×1k),红表笔接电容负极,黑表笔接电容正极,迅速观察万用表指针偏转状况,测量时首先指针向右偏转,然后指针慢慢向左回叠,并稳定在某一数值上。指针稳定后得到阻值是几百千欧以上,则被测的电容器就是好的。测量电解电容器的绝缘阻值，如果测量时，万用表的指针没有向右偏转的现象，则说明该电容器的电解液已干涸不能使用了。如果测量时，万用表的指针向右偏转到很小的数字，甚至为0，且指针没有回叠的现象，则说明该电容器已被击穿不能使用了。如果测量时，万用表的指针向右偏转，然后指针慢慢回叠，但最后稳定的数字在几百千欧以下，则说明电容器有漏电现象发生，一般也不能使用了。

可变电容器分为单联电容器和双联电容器，单联可变电容器只有动片和定片之分，与轴相连的为动片，另一片为定片，双联电容器有三个引出线，中间的是动片，另外的两个是定片。检测前，首先分清动片和定片，然后来回转动转轴，感觉转动是否灵活，转不动或转不灵活的就不能使用了。检测时，一般用万用表的欧姆挡（R×1k），把万用表的表笔分别与可变电容器的动片和定片相连接，来回缓慢转动其转轴，观察万用表的指针情况，如果万用表的指针始终在刻度线的“∞”处，则说明该可变电容器是好的。如果转轴转动时，万用表的指针在欧姆刻度线的“0”处或有摆动的现象，则说明可变电容器的动片和定片之间有短路，不能使用。

三、晶体二极管

晶体二极管在电路中常用“D”加数字表示，如D5表示编号为5的二极管。

1. 作用

二极管的主要特性是单向导电性，也就是在正向电压的作用下，导通电阻很小；而在反向电压作用下导通电阻极大或无穷大。正因为二极管具有上述特性，常把它用在整流、隔离、稳压、极性保护、编码控制、调频调制和静噪等电路中。晶体二极管按作用可分为：整流二极管（如1N4004）、隔离二极管（如1N4148）、肖特基二极管（如BAT85）、发光二极管、稳压二极管等。

2. 识别方法

二极管的识别很简单，小功率二极管的N极（负极），在二极管外表大多采用一种色圈标出来，有些二极管也用二极管专用符号来表示P极（正极）或N极（负极），也有采用符号标志为“P”、“N”来确定二极管极性的。发光二极管的正负极可从引脚长短来识别，长引脚为正，短引脚为负。

3. 测试

用万用表的电阻挡R×1k挡或R×100挡进行测试，不允许用R×1挡和R×10k挡进行测量，否则会造成被测二极管损坏。

1）正、负电极的判断

（1）观察外壳上的符号标记。通常在二极管的外壳上标有二极管的符号，带有三角形箭头的一端为正极，另一端为负极。

（2）观察外壳上的色点。通常标有极性色点（白色或红色），一般标有色点的一端即为正极，还有的二极管上标有色环，带色环的一端则为负极。

视频

用模拟万用表测试二极管

（3）用万用表进行判别：万用表欧姆挡一般选在“R×100”或“R×1k”挡，测量时两表笔分别接被测二极管的两个电极，如图5-1-2所示。若测得阻值为几百欧姆至几千欧姆（对锗二极管为100 Ω～1 kΩ），则黑表笔所接的一端为正极，红表笔所接的一端为负极；若电阻值在几十千欧到几百千欧，则红表笔接的是二极管的正极，黑表笔接的是二极管的负极。

（4）数字式万用表的二极管挡测量，好的二极管其正向导通压降，硅管一般在0.7 V左右，锗二极管一般在0.3 V左右，在显示该电压情况下，红表笔为二极管的正极。

2）好坏的判断

一般二极管的反向电阻比正向电阻大几百倍，所以可以通过测量正、反向电阻来判断二极管的好坏。小功率硅二极管正向电阻为几百欧到几千欧,锗二极管为 100 ~ 1 000 Ω。

表 5-1-2 可作为判断二极管好坏的参考。

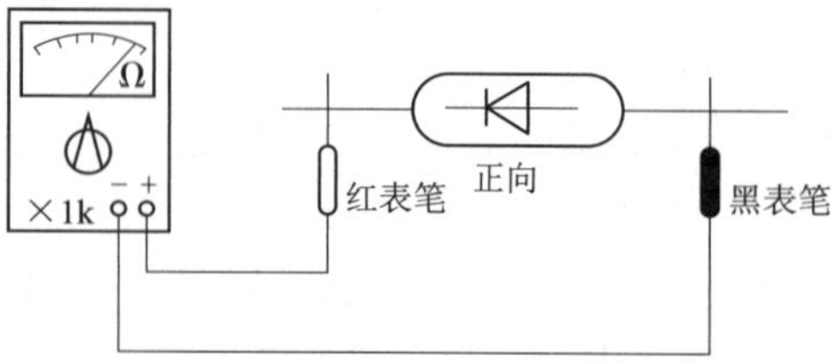

(a) 测正向电阻

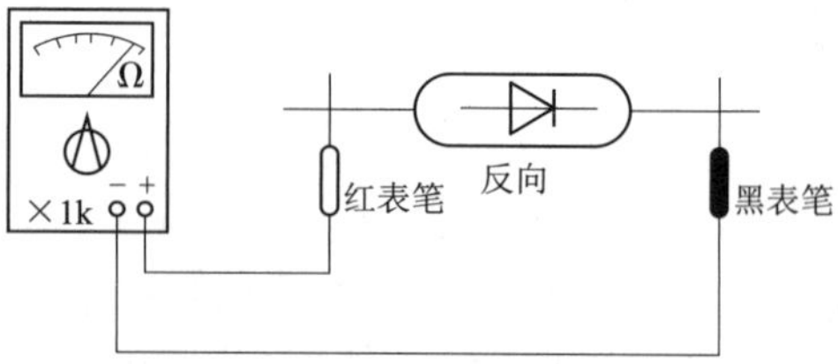

(b) 测反向电阻

图 5-1-2　万用表测量二极管

表 5-1-2　判断二极管好坏的参考值

正向电阻	反向电阻	二极管好坏
100 Ω 至几千欧	几十千欧至几百千欧	好
0	0	短路损坏
无穷大	无穷大	开路损坏
正、反向电阻比较接近		二极管失效

3)硅管、锗管的区分

可借助于图 5-1-3 所示电路来区分,图中电源电动势 E 为 1.5 V,R 为限流电阻(检波二极管 R 可取 200 Ω,其他二极管 R 只可取 1 kΩ),用万用表测量二极管正向压降。

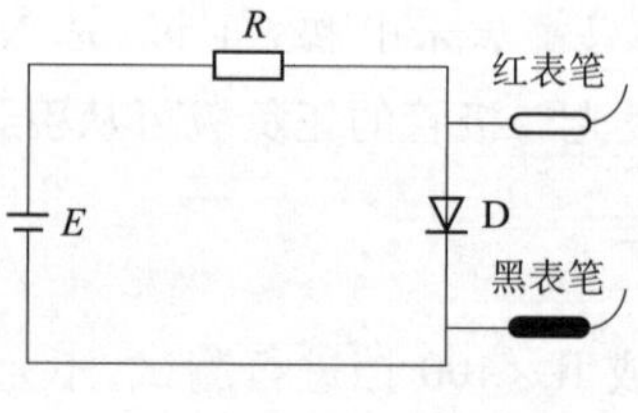

图 5-1-3　区分硅二极管与锗二极管的方法

(1)若指针指示在刻度中间偏右一点——硅管。

(2)若指针指示靠近 0 的位置——锗管。

(3)数字式万用表的二极管挡测量,硅管在 0.7 V 左右,锗管在 0.3 V 左右。

用数字式万用表测二极管时,红表笔接二极管的正极,黑表笔接二极管的负极,此时测得的阻值才是二极管的正向导通阻值,这与指针式万用表的表笔接法刚好相反。

视频

用数字式万用表测试二极管

学习笔记

技能训练

实训工单见表 5-1-3。

表 5-1-3　识别与检测电子元器件实训工单

实训任务名称	识别与检测电子元器件		时间		地点	
班级		姓名		学号		
实训小组		组长		成员		

(一)引导问题

在电子工艺实训室中,找出直流稳压电路所使用的电子元器件,并列出其名称及图形符号。

(二)实训任务

实训任务 1　检测电阻器

在电子工艺实训室中,准备不同种类的电阻器,并将结果记录在表 1 中。

表 1　电阻器识别检测记录表

序号	电阻器类别	阻值标注方法	标称阻值	实际测量值	允许误差
1	色环电阻器				
2	可调电阻器				
3	贴片电阻器				

实训任务 2　检测电容器

在电子工艺实训室中,准备不同种类的电容器,并将结果记录在表 2 中。

表 2　电容器识别检测记录表

序号	电容器类别	容量标注数值	电容耐压值	电阻大小	万用表选择量程
1	电解电容器				
2	独石电容器				
3	瓷片电容器				

实训任务 3　检测二极管

在电子工艺实训室中,准备不同种类的二极管,并将结果记录在表 3 中。

表 3　二极管检测记录表

序号	二极管类型	符号	正向电阻(万用表量程)	反向电阻(万用表量程)
1	整流二极管			
2	稳压二极管			
3	发光二极管			
4	检波二极管			
5	光电二极管			

实训任务 4　三种元器件总结

查阅相关资料，以小组为单位进行总结，并完成表 4。

表 4　三种元器件总结

元器件	图形符号	特性	应用
电阻器			
电容器			
二极管			

考核评价与反馈

一、考核评价标准

考核评价标准见表 5-1-4。

表 5-1-4　考核评价标准

评价项目	评价内容	评价标准	分数
综合素养	工作现场整理、整顿	整理、整顿不到位，扣 5 分	30
	操作遵守安全规范要求	违反安全规范要求，每次扣 5 分	
	遵守纪律，工作参与积极性和主动性	不遵守教学纪律，有迟到、早退等违纪现象，每次扣 2 分；参与不积极主动，扣 5～10 分	
实训工作过程	引导问题知识清楚、明确	回答错误，每处扣 2 分	10
	万用表使用规范，测试结果准确，能在教师指导下排除故障	万用表使用不规范，扣 5 分；测试结果不正确，每处扣 2 分；不能排除故障，扣 5 分	25
	元器件选择使用正确，测量结果准确	元器件选择、使用不规范，每次扣 2 分；测量结果不准确，每项扣 2 分	25
实训结果	实训工单填写完整，书写认真、规范	实训工单填写不完整，每处扣 2 分；书写不认真、规范，扣 5～10 分	10
总分			100

二、考核评价反馈工单

考核评价反馈工单见表 5-1-5。

表 5-1-5　考核评价反馈工单

实训任务名称	识别与检测电子元器件		时间		地点	
班级		姓名		学号		
实训小组		组长		成员		
自评分数：________ 学生签字：________			学生任务完成过程中遇到的问题、难点记录：			

<table>
<tr><td colspan="2">小组评分：________
组长签字：________</td><td colspan="2">组长对组员任务完成情况记录：</td></tr>
<tr><td colspan="2">教师评分：________
教师签字：________</td><td colspan="2">教师点评与反馈：</td></tr>
<tr><td colspan="2" rowspan="2">实训任务成绩：
自评(20%)+小组(20%)+教师(60%)</td><td>实训综合成绩</td><td></td></tr>
<tr><td>评定日期</td><td>年 月 日</td></tr>
</table>

任务二 手工焊接工具认知及使用

实训目标

(1)了解焊接工具的类型、作用及外形结构。

(2)掌握手工焊接工具的特点及使用方法。

(3)能维护和保养焊接工具;能排除焊接工具的常见故障。

(4)能进行安全文明生产,具有团队合作的精神,具有一定的组织协调能力。

(5)具有学习资料查询、整理和总结的能力。

实训准备

电子工艺实训台、万用表、电烙铁、防静电热风拆焊台、助焊剂、焊锡丝等。

相关知识

一、电烙铁的识别与使用

1. 电烙铁种类

电烙铁是手工焊接的基本工具,是电子产品装配人员常用工具之一。选择合适的电烙铁并正确使用,是保证焊接质量的基础。电烙铁是根据电流通过发热元件产生热量的原理而制成的。

由于用途、结构的不同,电烙铁也分为多种,按发热方式可分为直热式电烙铁、感应式电烙铁、燃起式电烙铁;按功能可分为恒温电烙铁、防静电电烙铁、吸锡电烙铁等;按功率大小可分为大功率电烙铁和小功率电烙铁。

常用的电烙铁一般为直热式电烙铁。直热式电烙铁又可以分为外热式电烙铁和内热式电烙铁两种,如图 5-2-1、图 5-2-2 所示。

(1)外热式电烙铁:由烙铁头、烙铁芯、外壳、手柄、电源线、插头等部分组成。由于烙铁头安装在烙铁芯里面,因此称为外热式电烙铁。烙铁芯是电烙铁的关键部件,它是将电热丝平行地绕制在一根空心瓷管上构成的,中间用云母片绝缘,并引出两根导线与 220 V 交流电源连接。外热式电烙铁的规格很多,常用的有25 W、45 W、75 W、100 W等,功率越大,烙铁头的温度也就越高。

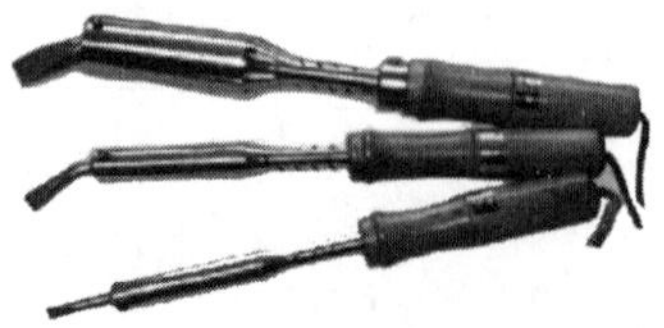

图 5-2-1　外热式电烙铁

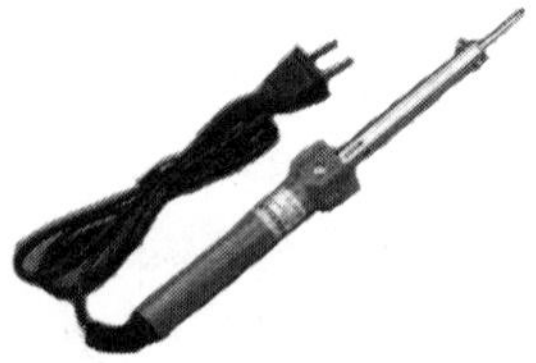

图 5-2-2　内热式电烙铁

(2)内热式电烙铁:由手柄、连接杆、弹簧夹、烙铁芯、烙铁头组成。由于烙铁芯安装在烙铁头里面,因而发热快、热利用率高,因此称为内热式电烙铁。内热式电烙铁的常用规格有20 W、50 W等。由于它的热效率高,20 W内热式电烙铁就相当于40 W左右的外热式电烙铁。内热式电烙铁的后端是空心的,用于套接在连接杆上,并且用弹簧夹固定,当需要更换烙铁头时,必须先将弹簧夹退出,同时用钳子夹住烙铁头的前端慢慢拔出,切记不能用力过猛,以免损坏连接杆。

外热式电烙铁和内热式电烙铁结构示意图如图5-2-3所示。此外,还有调温式电烙铁,如图5-2-4所示。

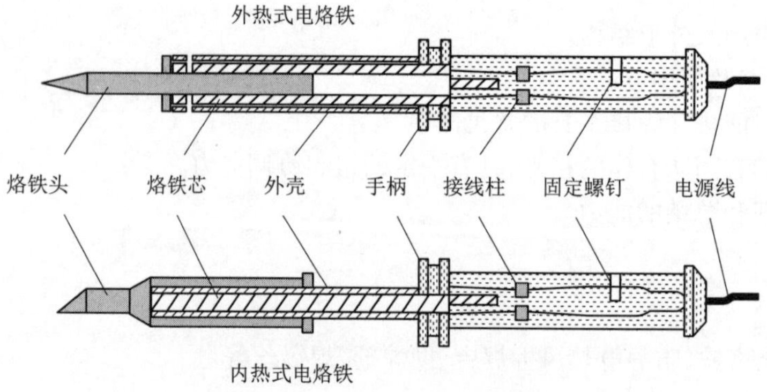

图 5-2-3　两种电烙铁结构示意图

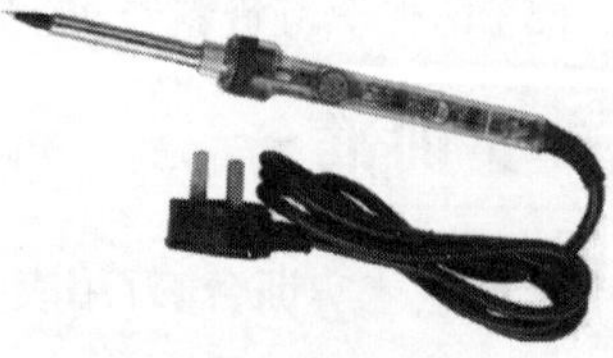

图 5-2-4　调温式电烙铁

2. 电烙铁检测

(1)外观检查:①电源插头;②电源线;③电烙铁。

(2)用万用表检查。电烙铁是捏在手里的,使用时千万要注意安全。

电烙铁先要用万用表电阻挡检查一下插头与金属外壳之间的电阻值,万用表的指针应该不动;插头两端阻值检测。

3. 电烙铁的使用

电烙铁基本握法有三种:反握法、正握法和握笔法,如图5-2-5所示。

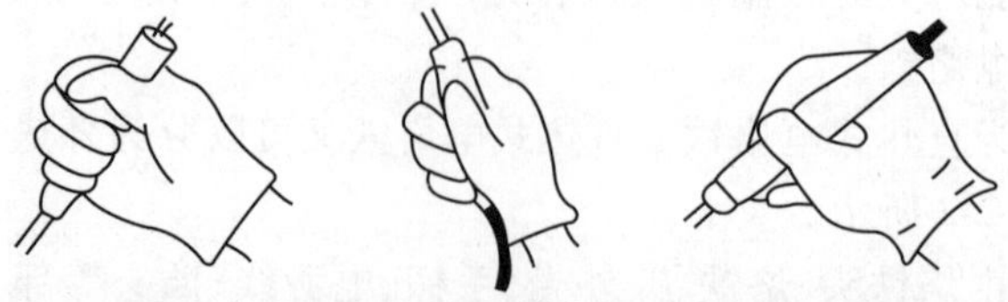

(a) 反握法　(b) 正握法　(c) 握笔法

图 5-2-5　电烙铁的握法

反握法动作稳定，长时间操作不易疲劳，适用于大功率电烙铁的操作；正握法适用于中等功率电烙铁或带弯头电烙铁的操作；一般在工作台上焊接印制电路板电子元器件时，多采用握笔法。

使用电烙铁时应注意以下事项：

(1)根据焊接对象合理选用不同类型的电烙铁。

(2)每次使用前，应认真检查电源插头、电源线有无损坏；并检查烙铁头是否松动。

(3)使用电烙铁时，不能用力敲击，防止其跌落；烙铁头上焊锡过多时，可用布擦掉；不可乱甩，以防烫伤他人。

(4)焊接过程中，电烙铁不能到处乱放；不焊时，电烙铁应放在烙铁架上。注意电源线不可搭在烙铁头上，以防烫坏绝缘层而发生事故。

(5)电烙铁使用结束后，不仅要及时把电源关掉，以免长时间加热而损坏电烙铁；还应该用焊锡丝把烙铁头上的残渣清理干净，并涂上一层锡以保护烙铁头。注意：慎用海绵蘸水的方法清理电烙铁。

4. 电烙铁常见故障维修

(1)电烙铁通电后不热情况的维修。当电烙铁通电后，如果发现烙铁头不热，一般可能是因为电源线脱落或烙铁芯线断裂造成的。遇到这样的情况，可用万用表的 R×1k 挡测量电源插头的两端，如果万用表指针不动，说明有断路故障。

先检查插头本身的引线是否有断路现象，如果没有，便可卸下胶木柄，再用万用表测量烙铁芯的两根引线，如果万用表指针仍然不动，说明烙铁芯损坏，应该更换烙铁芯。将新的同规格的烙铁芯插入连接杆，将引线固定在固定螺钉上，并拧紧接线柱，同时，要注意把烙铁芯引线多余的部分剪掉，以防止两根引线短路。

(2)烙铁头带电情况的维修。烙铁头带电故障的原因，除电源线错接在接地线接线柱上外，还有一个原因，就是当电源线从烙铁芯接线柱上脱落后，又碰到了接地线的螺钉上，从而造成烙铁头带电。出现这种故障时，容易造成触电事故，并会损坏元器件。为防止电源线脱落，需定期检查电烙铁手柄上的压线螺钉是否有松动或丢失，如有松动或丢失，要及时配好。

二、防静电热风拆焊台

防静电热风拆焊台采用防静电设计、高精度智能控温电路。本机采用大功率发热体，加温迅速，温度恢复特性极佳。热风拆焊台采用了高速、长寿命无刷风机，风量稳定、流量大、出风柔和、可任意调整出风大小。智能冷却模式，热风温度低于 100 ℃自动进入节能状态。操作手柄即可唤醒，并且有故障自检提示功能，如图 5-2-6 所示。

面板说明如图 5-2-7 所示。

根据防静电热风拆焊台使用说明书，进行参数设置，设置完毕后，即可进行热风焊接或除锡操作。

在焊接过程中，先涂抹适量焊锡膏于元器件引脚焊盘处，将所需安装的 SMT 元件放在 PCB 焊接处，对 SMT 元件稍加预热，然后向元件引脚均匀喷出热气进行焊接；焊接完毕后，清除残余焊剂。用热风进行焊接是行之有效的，但也可能导致焊锡搭连等问题。

在除锡过程中，先放适量焊剂在元件引脚焊接部位；然后，使喷头对准焊接部位，进行均匀加热；待焊锡融化后，采用 IC 起拔器(或 IC 吸放笔等其他相关吸放工具)取下 IC 等元器件。

三、助焊剂

助焊剂(见图 5-2-8)俗称焊锡膏，是一种具有化学及物理活性的物质，共有三个功能：第一，能够除去被焊金属表面的氧化物或其他形成的表面膜层，以及焊锡本身外表上所形成的氧化物；第二，为达到被焊表面能够沾锡及焊牢的目的，助焊剂还可以保护金属表面，使其在焊接的高温环境中不再被氧化；第三，减少熔锡的表面张力，以及促进焊锡的分散和流动等。

图 5-2-6　防静电热风拆焊台

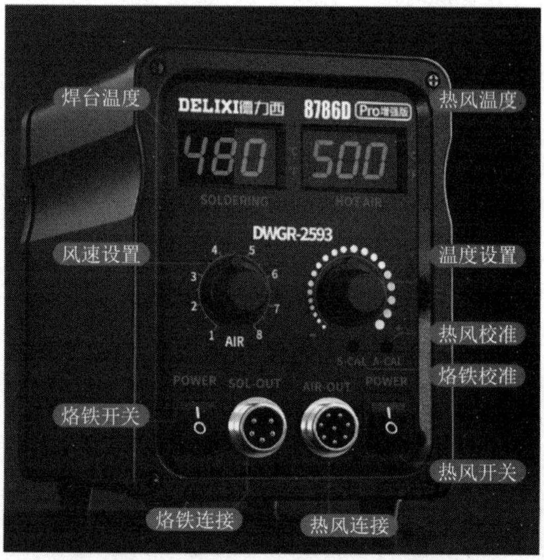

图 5-2-7　防静电热风拆焊台面板说明

四、焊锡丝

焊锡丝(见图 5-2-9)按成分不同分为有铅焊锡丝和无铅焊锡丝。有铅焊锡丝由 63% 的锡和 37% 的铅构成，其焊接温度通常为(260 ± 15)℃；无铅焊锡丝由 96.5% 的锡、3.0% 的银和 0.5% 的铜构成，其焊接温度通常为(330 ± 20)℃。

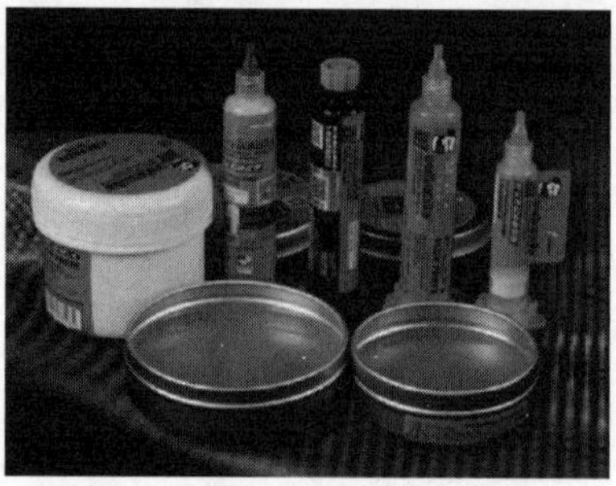

图 5-2-8　助焊剂

图 5-2-9　焊锡丝

焊锡丝的基本拿法分为连续焊接时拿法和非连续焊接时拿法。焊接时，一般左手拿焊锡丝，右手拿电烙铁。

图 5-2-10(a)所示为进行连续焊接时采用的拿法，这种拿法可以连续向前送焊锡丝。

图 5-2-10(b)所示为只焊接几个焊点或非连续焊接时采用的拿法，不适合连续焊接。

五、焊接方法和步骤

1. 正确的焊接方法

用电烙铁加热被焊工件时，烙铁头上一定要粘有适量的焊锡，为使电烙铁传热迅速，要用电烙铁的侧平面接触被焊工件表面，尽量使烙铁头同时接触印制电路板上焊盘和元器件引线，如图 5-2-11所示。

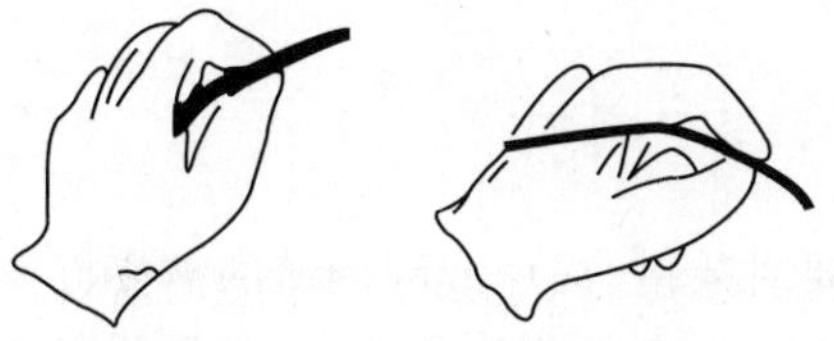

（a）连续焊接　（b）非连续焊接

图 5-2-10　焊锡丝的基本拿法

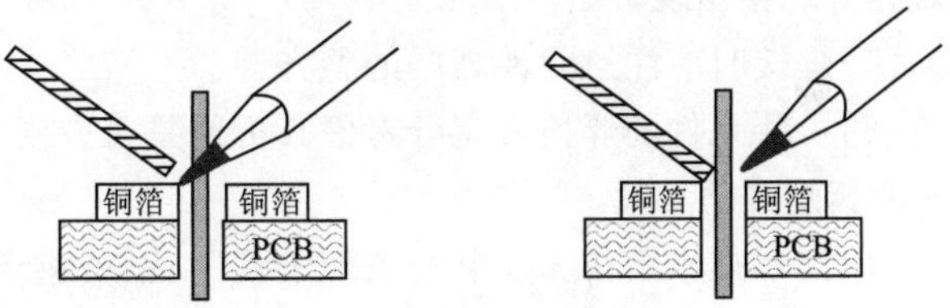

被焊端与焊盘一起加热

图 5-2-11　正确的焊接方法

通常采用五步焊接法进行焊接，如图 5-2-12 所示。具体步骤如下：

（1）准备施焊：首先把被焊件、焊锡丝和电烙铁准备好，处于随时可焊状态。也就是说左手拿着焊锡丝，右手握住电烙铁（烙铁头被加热后，在一块蘸上水的泡沫或海绵上轻轻地擦拭，以除去烙铁头上的氧化物残渣，然后把少量的焊料和焊剂加到清洁的烙铁上），做好随时可焊状态。

（2）加热焊件：烙铁头靠在两焊件的连接处，加热整个焊件。对于在印制电路板上焊接元器件来说，要注意使烙铁头同时加热焊盘和元器件的引线。

（3）加焊锡：焊件的焊接面被加热到一定温度时，焊锡丝从烙铁对面接触焊件。注意：不要把焊锡丝送到烙铁头上。

（4）去焊锡：当焊锡丝融化一定量后，立即向左上 45°方向移开焊锡丝。

（5）撤烙铁：焊锡浸润焊盘和焊件的施焊部位后，向右上 45°方向移开烙铁，结束焊接。

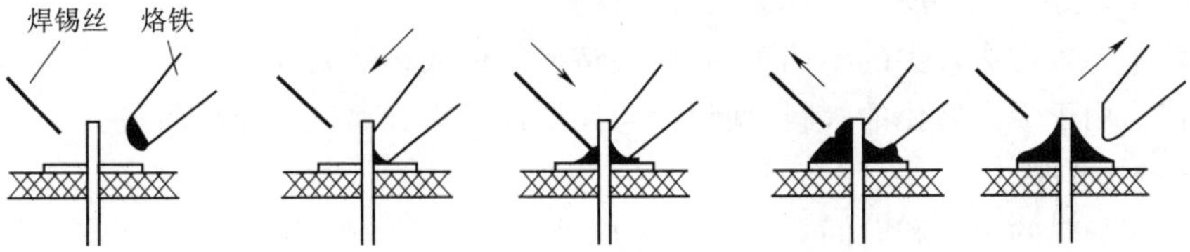

（a）准备　（b）加热焊件　（c）加焊锡　（d）去焊锡　（e）撤烙铁

图 5-2-12　焊锡五步操作法

2. 焊接注意事项

（1）防止触电，勿要烫伤人、电源线及衣物等。焊接时注意温度要适当，上锡要适量，否则容易造成虚焊。良好的焊点应是光亮、圆滑的。

（2）烙铁头要同时接触元器件引脚和电路板，使二者在短时间内同时受热达到焊接温度，以防虚焊。焊接的时间不能太长，否则被焊的印刷电路铜箔会翻卷，被焊元器件也容易损坏。更不能用电烙铁用力摩擦焊盘，这样会使电路剥离和使板面产生斑痕。切不可将烙铁头在焊点上来回移动，也不能用烙铁头向焊接引脚上刷锡。

（3）焊接耐热差的元件，如二极管、三极管等怕热元件时，应用镊子夹住元件引脚，使热量通过镊子散热，不至于损坏元件。

（4）在焊接场效应器件时，必须使用接地的电烙铁，如无接地条件，可拔起烙铁电源插头，利用烙铁余热来焊接，这样可免除漏电击坏元件。

（5）焊接集成电路时，一定等技术熟练后方可进行，注意时间要短，同时在焊接电路板的时候要断开烙铁电源。在装配集成电路时最好用集成座，这样给焊接和维修带来方便。

(6)助焊剂目前常用两种:松香和焊锡膏。在印制电路板上要尽量采用松香而慎用焊锡膏。如实在需用焊锡膏时,也应将余下的膏体揩擦干净,否则日后会腐蚀元件和电路,造成印制电路板短路等现象出现。

(7)焊接时应注意元件高矮的整齐性。

(8)一些元件的焊接要充分考虑其拆修是否方便。

3. 拆焊注意事项

(1)拆焊技术。在无线电的装配过程中,不可避免地要对装错、损坏或因调试的需要拆换元器件,这就是拆焊,也称为解焊。在实际操作中拆焊比焊接困难,如拆焊不得法,很容易将元器件损坏或损坏印制电路板焊盘或焊接点。因此,装配技术人员都必须掌握拆焊的技术。

(2)拆焊的适用范围:

①误装误接的元器件、导线或不该焊接的地方。

②在维修或检修过程中需要换元器件或调试的元器件。

③在调试过程中需要拆除的临时安装的元器件、导线等。

④在质检或其他检查时需要进行的拆焊。

⑤其他需要拆焊的地方。

(3)拆焊的原则。拆焊的目的只是解除焊接,所以在拆焊时应注意:

①不损坏拆除的元器件、导线。

②拆焊时不可损坏焊接点和印制导线。

③在拆焊过程中不要拆、动、移其他元器件,如不得已需做好复原工作。

(4)拆焊的工具。常用的拆焊工具除电烙铁外,还有以下辅助工具:

①划针。用于穿孔或协助电烙铁进行焊孔恢复。

②钟表镊子。以端头较尖的不锈钢为佳,夹持元器件或替代划针。

③吸锡器。用于吸去熔化的焊料,使锡盘与元器件引脚分离,达到拆焊目的。

(5)拆焊的操作要求:

①严格控制加热的温度和时间。因拆焊加热时间和温度较焊接时要长、要高,所以要严格控制温度和加热时间,以免将元器件烫坏或使焊盘脱落。

②拆焊时不要用力过猛。元器件的引脚封装都不是非常坚固的,在拆焊时要注意用力的大小,操作时不可过分用力拉、摇、扭,以免损坏焊盘或元器件。

六、吸锡器

吸锡器是用来在拆卸电子电路板上的元器件时,将元器件引脚上的焊锡吸掉,以方便拆卸。吸锡器一般分为自带热源的和不自带热源的两种,如图 5-2-13 所示。

吸锡器的使用方法:首先将吸锡器后部的活塞杆按下,然后用右手拿电烙铁将元器件的焊锡点加热,直到元器件上的锡熔化,等焊点上的锡熔化后,用左手拿吸锡器并将吸锡器的嘴对准熔化的焊点,同时按下吸锡器上的吸锡按钮,元器件上的锡就会被吸走。

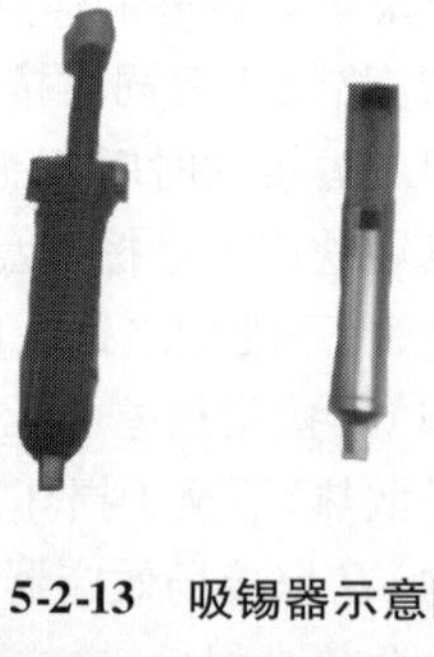

图 5-2-13　吸锡器示意图

技能训练

实训工单见表 5-2-1。

表 5-2-1　手工焊接工具认知及使用实训工单

实训任务名称	手工焊接工具认知及使用			时间		地点	
班级		姓名		学号			
实训小组		组长		成员			

（一）引导问题

如图 1 所示，这是两种错误的焊接方法，请找出错误，并分析原因。

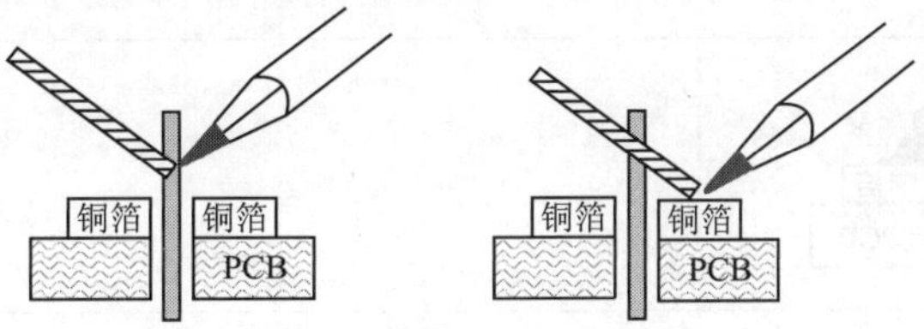

图 1　错误的焊接方法

错误：

原因：

（二）实训任务

实训任务 1　焊点缺陷及原因分析

练习焊接并判断焊点是否有缺陷，若焊点有缺陷，需要找出原因并进行分析，将结果记录在表 1 中。

表 1　焊点缺陷及原因分析记录表

序号	焊点	焊点是否有缺陷	原因分析
1			
2			
3			

续表

序号	焊点	焊点是否有缺陷	原因分析
4			
5			
6			
7			

考核评价与反馈

一、考核评价标准

考核评价标准见表 5-2-2。

表 5-2-2　考核评价标准

评价项目	评价内容	评价标准	分数
综合素养	工作现场整理、整顿	整理、整顿不到位，扣 5 分	30
	操作遵守安全规范要求	违反安全规范要求，每次扣 5 分	
	遵守纪律，工作参与积极性和主动性	不遵守教学纪律，有迟到、早退等违纪现象，每次扣 2 分；参与不积极主动，扣 5～10 分	
实训工作过程	引导问题知识清楚、明确	回答错误，每处扣 2 分	10
	万用表使用规范，测试结果准确，能在教师指导下排除故障	万用表使用不规范，扣 5 分；测试结果不正确，每处扣 2 分；不能排除故障，扣 5 分	25
	工具选择使用正确，测量结果准确	工具选择、使用不规范，每次扣 2 分；接线错误，每处扣 2 分；测量结果不准确，每项扣 2 分	25
实训结果	实训工单填写完整，书写认真、规范	实训工单填写不完整，每处扣 2 分；书写不认真、规范，扣 5～10 分	10
总分			100

二、考核评价反馈工单

考核评价反馈工单见表 5-2-3。

表 5-2-3　考核评价反馈工单

<table>
<tr><td>实训任务名称</td><td colspan="3">手工焊接工具认知及使用</td><td>时间</td><td></td><td>地点</td><td></td></tr>
<tr><td>班级</td><td></td><td>姓名</td><td></td><td>学号</td><td colspan="3"></td></tr>
<tr><td>实训小组</td><td></td><td>组长</td><td></td><td>成员</td><td colspan="3"></td></tr>
<tr><td colspan="4">自评分数：________
学生签字：________</td><td colspan="4">学生任务完成过程中遇到的问题、难点记录：</td></tr>
<tr><td colspan="4">小组评分：________
组长签字：________</td><td colspan="4">组长对组员任务完成情况记录：</td></tr>
<tr><td colspan="4">教师评分：________
教师签字：________</td><td colspan="4">教师点评与反馈：</td></tr>
<tr><td colspan="4" rowspan="2">实训任务成绩：
自评（20%）+小组（20%）+教师（60%）</td><td colspan="2">实训综合成绩</td><td colspan="2"></td></tr>
<tr><td colspan="2">评定日期</td><td colspan="2">年　月　日</td></tr>
</table>

任务三　设计与装调直流稳压电源

实训目标

（1）掌握直流稳压电源电路的工作原理。

（2）了解直流稳压电源电路的器件选择。

（3）掌握直流稳压电源电路的安装方法。

（4）掌握直流稳压电源电路的调试方法。

（5）掌握示波器的使用方法。

（6）能进行安全文明生产，具有团队合作的精神，具有一定的组织协调能力。

（7）具有学习资料查询、整理和总结的能力。

实训准备

电子工艺实训台、万用表、电烙铁、防静电热风拆焊台、三端可调正压集成稳压器 LM317、电阻器、二极管、电容器等。

相关知识

一、直流稳压电源电路的工作原理

在日常生活中,各种放大器、电子设备及各种自动控制装置都使用稳定的直流电源。直流电源一般是由电网提供的交流电经过整流、滤波和稳压之后得到的,如图 5-3-1 所示。目前广泛采用的是各种半导体直流电源,图 5-3-1 表示了直流稳压电源的四个组成部分,现将它们的作用分述如下:

(1)电源变压器:把交流电源电压变成所需要的直流电压幅值。

(2)整流电路:利用整流元件的单向导电性,将交流电压转变为脉动的直流电压。

(3)滤波电路:利用储能元件电容器两端的电压(或通过电感中的电流)不能突变的特性,滤掉整流电路输出电压中的交流成分,保留其直流成分,达到平滑输出电压波形的目的。

(4)稳压电路:为电路或负载提供稳定的输出电压。稳压电路可以是整个电子系统的一个组成部分,也可以是一个独立的电子部件。

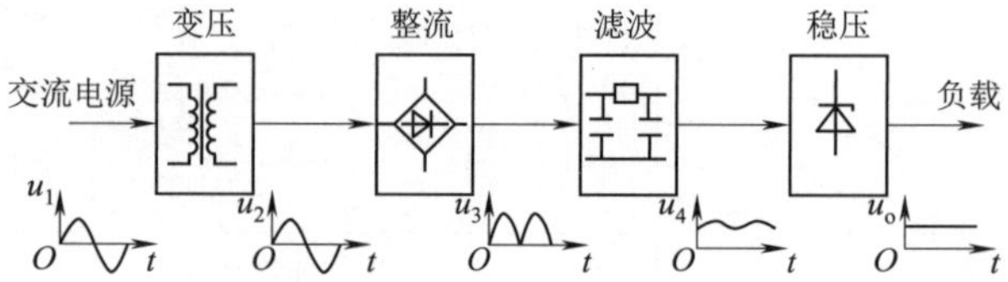

图 5-3-1　直流稳压电路原理框图

二、直流稳压电源的设计

直流稳压电源用来提供电压,在各种电路中都要用到。在电路中,电源的质量对电路的性能影响非常重大。直流稳压电源组成类型繁多,这里介绍应用较为广泛的三端可调正压集成稳压器 LM317 制作一个稳压电源的方法。

1. 三端可调正压集成稳压器 LM317 简介

三端可调正压集成稳压器的三端指的是电压输入端、电压输出端和电压调整端,正压指的是输出正电压。国际流行的正压输出稳压器有 LM117/217/317 系列、LM123 系列、LM140 系列、LM138 系列和 LM150 系列等。其中最典型的产品是 LM317,其图形符号和引脚位置如图 5-3-2 所示。LM317 的输出电压为 1.25 ~ 18 V 可调,所输出的电流可达到 1.5 A。

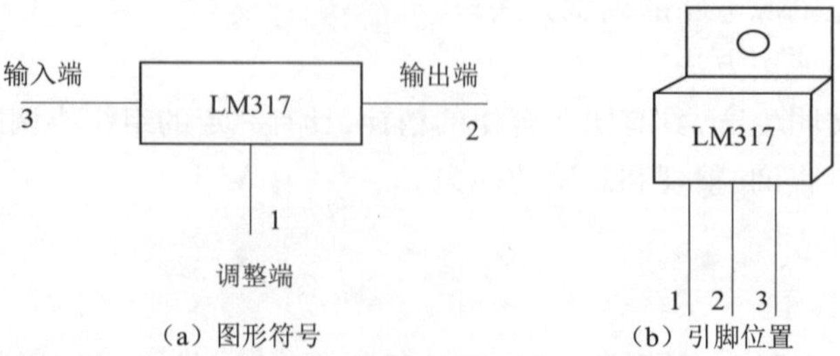

图 5-3-2　LM317 图形符号和引脚位置

2. 设计原理图

LM317 设计原理图如图 5-3-3 所示。

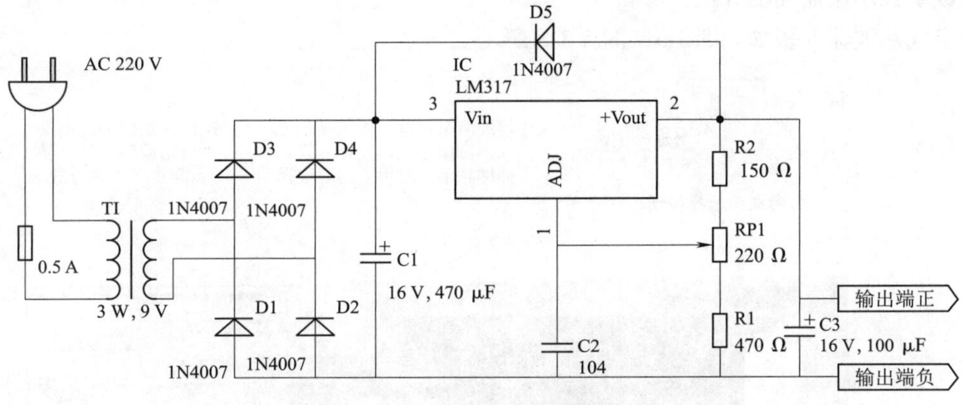

图 5-3-3　**LM317 的设计原理图**

用 LM317 制作稳压电源时，要注意以下几点：

（1）为了使集成稳压器的优良性能得到充分发挥，保证稳压器正常工作，要将稳压器安装在适当的散热片上，如 LM317 的散热面积一般不应小于 100 mm^2，而且不可使稳压器输入与输出的压差超过允许值，以免造成稳压器的损坏。

（2）要正确连接好电阻。因为稳压器是靠外接电阻来给定输出电压，所以电阻的连接是否正确会直接影响稳压性能。

（3）应特别注意四个整流二极管和电容器的极性不能接反。整流二极管如果接错可能会烧毁集成稳压器，甚至烧毁电源变压器；电容器的极性如果接反有可能会使电容器爆裂。

三、示波器

示波器可以将电信号转换为可以观察的视觉图形，以便人们观测。在利用传感器将各种物理参数转换为电信号后，可利用示波器观测各种物理参数的数值和变化，所以示波器是电子电路测试中广泛应用的仪器。

1. 示波器的基本功能与种类

示波器是能够把电信号的变化规律转换为可直接观察其波形的电子仪器，并根据信号的波形对电信号的多种参量进行测量，如信号的电压幅度、周期、频率、相位差、脉冲宽度等。

示波器可分为两大类：模拟式示波器和数字式示波器，如图 5-3-4、图 5-3-5 所示。其中，模拟式示波器是以连续方式将被测信号显示出来；数字式示波器首先将被测信号采样和量化，变为二进制信号存储起来，再从存储器中取出信号的离散值，通过算法将离散的被测信号以连续的形式在屏幕上显示出来。

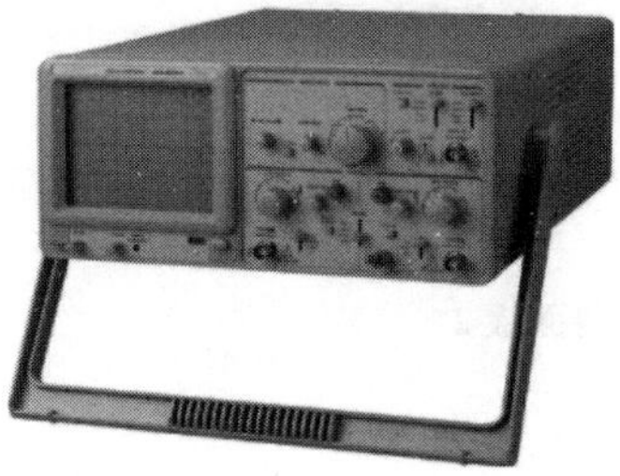

图 5-3-4　模拟式示波器

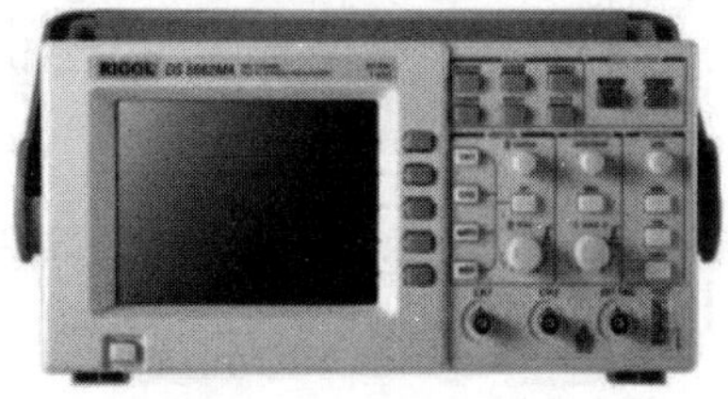

图 5-3-5　数字式示波器

2. 数字式示波器面板介绍

数字式示波器面板如图 5-3-6 ~ 图 5-3-8 所示。

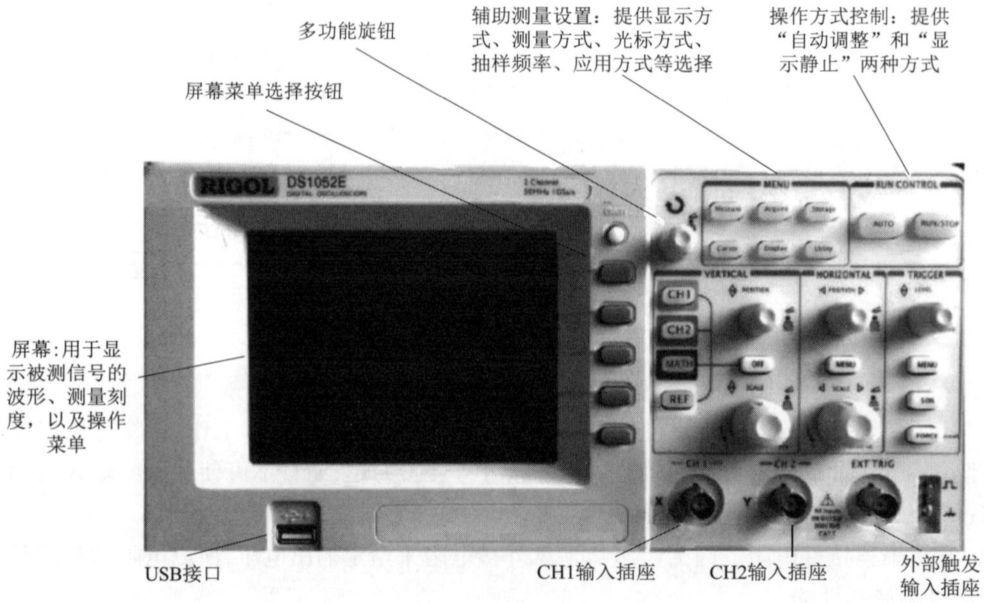

图 5-3-6　数字式示波器面板 1

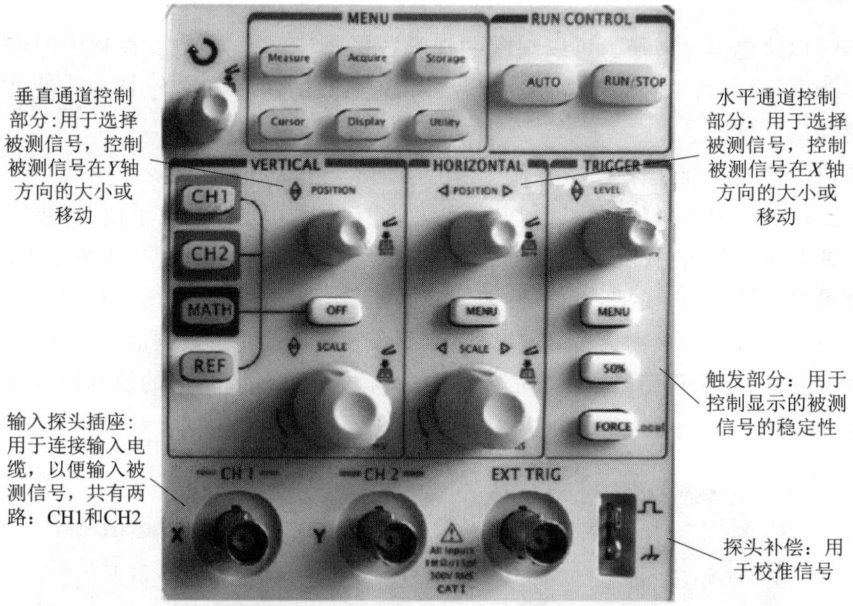

图 5-3-7　数字式示波器面板 2

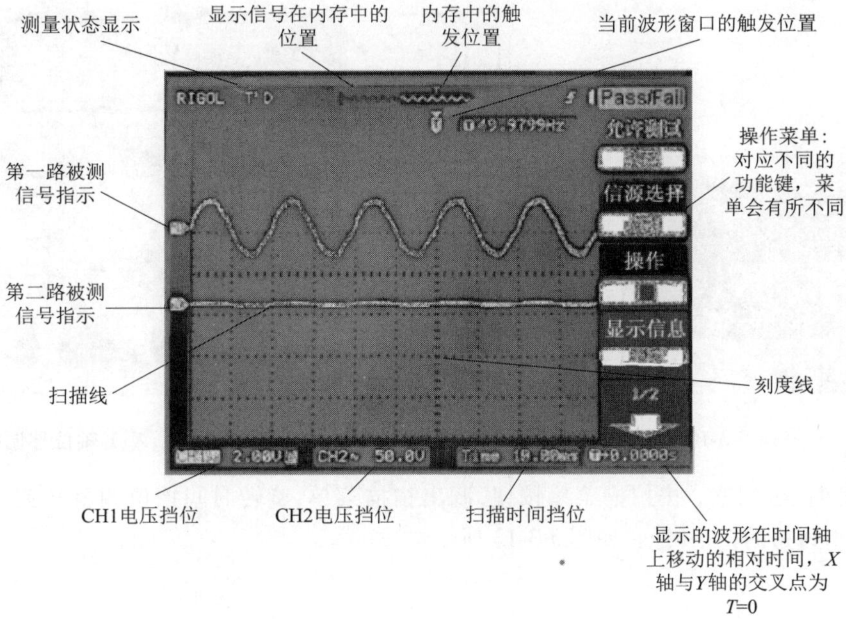

图 5-3-8　数字式示波器面板 3

3. 示波器的使用方法

（1）连接测试探头。打开示波器电源开关，POWER 指示灯亮起，在输入探头插座 CH1 处接上测试探头，如图 5-3-9 所示。

（2）通道选择。按 CH1 可取得 CH1 的控制权，随后，位移旋钮和电压挡开关只对 CH1 信号有效而对 CH2 信号无效。

若要在屏幕上关闭 CH1 信号，则应先按 CH1 键，再按 OFF 键，如图 5-3-10 所示。

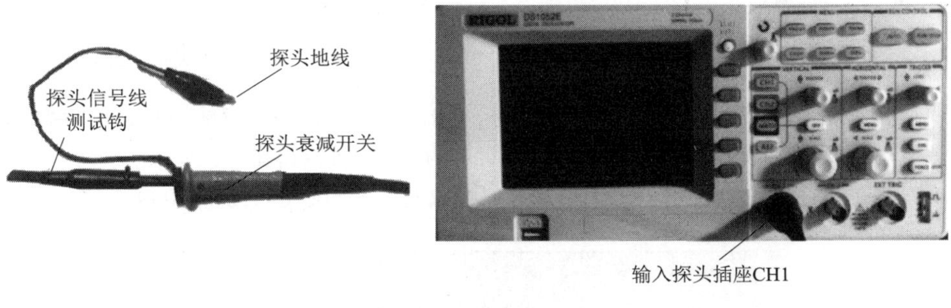

图 5-3-9　测试探头及插座

（3）X、Y 轴位移调整。屏幕上的被测信号不在中心线附近时，可以旋转 Y 轴位移旋钮，对信号进行垂直位置的调整；旋转 X 轴位移旋钮，则是对信号进行水平位置的调整，如图 5-3-11 所示。

（4）电压测量读数。电压挡位开关控制屏幕上信号的纵向幅度，可改变左下角的电压挡位值。

如图 5-3-12 所示，可以看到被测信号的纵向电压幅值有三大格；左下方电压挡位值 1.00 V，即纵向电压每格是 1 V，得到

$$电压值 = 垂直偏转因数 \times 格数 = 1\ V \times 3 = 3\ V$$

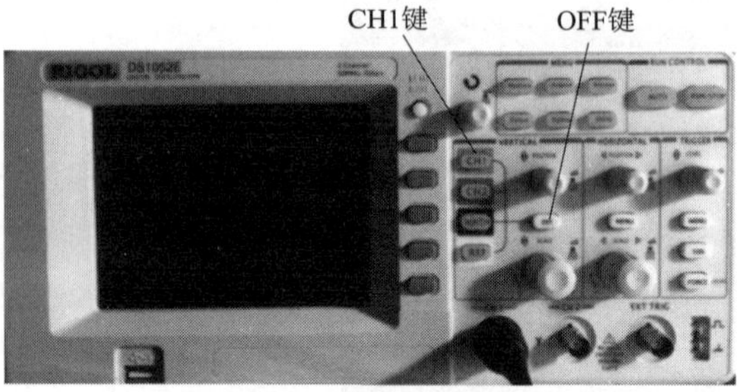

图 5-3-10　通道选择

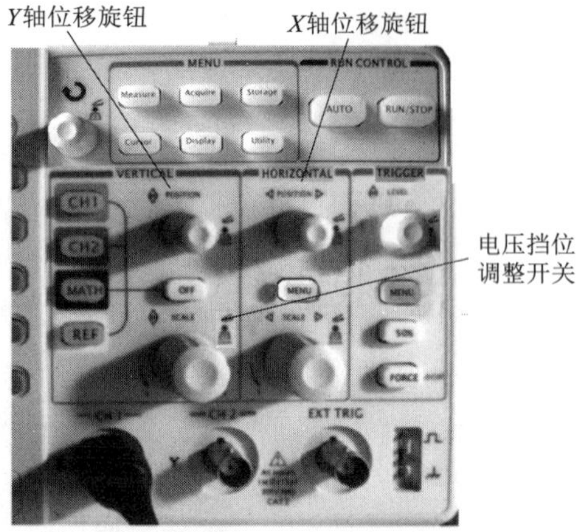

图 5-3-11　X、Y 轴位移调整

（5）时间挡位调整。按扫描菜单按钮，调出扫描菜单，旋转时间挡位调整开关，信号发生改变，可以读出每格的扫描时间，如图 5-3-13 所示。

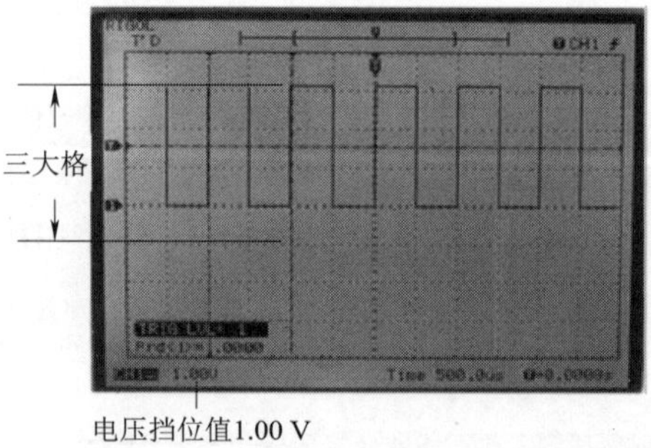

图 5-3-12　电压测量读数

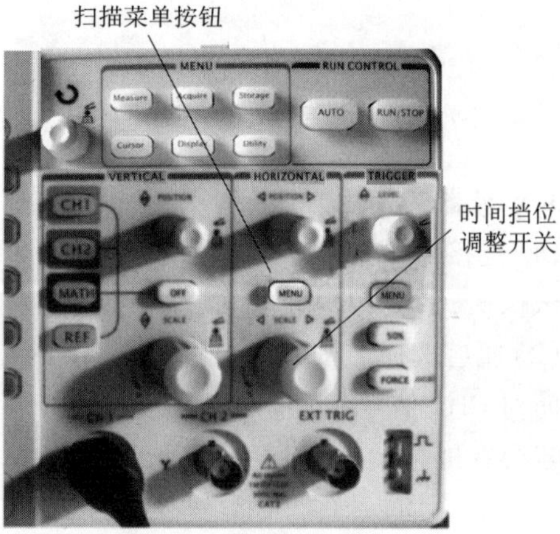

图 5-3-13　调出扫描菜单

（6）时间参数测量。调整 X 轴位移旋钮，使被测信号波形的后沿（或前沿）对准 X＝0 的轴线。如图 5-3-14 所示，可以看到被测信号的周期是两个格，所以得出

$$被测信号的周期\ T=垂直偏转因数\times格数=500\ \mu s\times 2=1\ 000\ \mu s$$

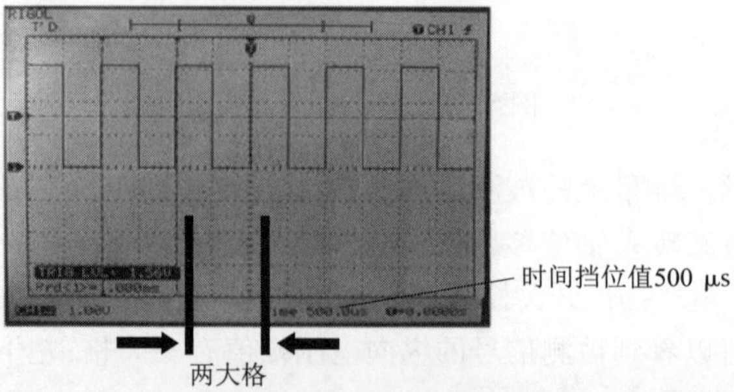

图 5-3-14　时间参数测量

四、常见故障分析与检修

常见故障现象及其排除方法列举如下：

（1）二极管冒烟、变压器发热、无输出电压或输出电压很低、电流很大。以上现象说明有短路故障，可能是二极管极性接反（自行分析二极管分别接反时产生的结果）或滤波电容 C1 或 C3 极性接反（注意：此时还可能导致电容爆炸）。

（2）输出电压很低，电流很小。存在以下几种情况：

①可能有一个或两个二极管以及滤波电容 C1 脱焊，成为半波整流。

②可能滤波电容脱焊，成为全波整流。

③可能有一个或两个二极管脱焊，成为半波整流电容滤波。

④可能三端稳压器的输入端脱焊。

（3）调节电位器不起作用，说明二极管 D5 接反或者电位器滑动点焊片虚焊或脱焊等情况。

从以上故障现象的观察、分析和排除的过程可以看出，元器件的质量检查是基本要求，焊接技术是关键所在。观察现象，掌握规律，总结经验都必须通过理论指导下的实践来完成。

学习笔记

技能训练

实训工单见表 5-3-1。

表 5-3-1　设计与装调直流稳压电源实训工单

<table>
<tr><td>实训任务名称</td><td colspan="2">设计与装调直流稳压电源</td><td>时间</td><td></td><td>地点</td><td></td></tr>
<tr><td>班级</td><td></td><td>姓名</td><td></td><td>学号</td><td colspan="3"></td></tr>
<tr><td>实训小组</td><td></td><td>组长</td><td></td><td>成员</td><td colspan="3"></td></tr>
<tr><td colspan="8">（一）引导问题</td></tr>
<tr><td colspan="8">按输出电压是否可调，三端集成稳压器可分为固定式和可调式两种。通过资料查询，举例说明并写出二者区别。</td></tr>
<tr><td colspan="8">（二）实训任务</td></tr>
</table>

实训任务 1　制作与调试直流稳压电源

1. 元器件清单

根据图 5-3-3 所示电路要求，选用合适的元器件，并写出所选用器件名称、数量及其参数，见表 1。

表 1　所需元器件清单

电路符号	元器件名称	数量	参数
D1、D2、D3、D4 D5			
C1			
C2			
C3			
LM317			
R1			
R2			
RP1			

2. 装配直流稳压电路

按图 5-3-3 所示电路要求，选用电气元件，进行直流稳压电源装配。

（1）元器件的选择与测量。对照电路原理图（见图 5-3-3）和元器件清单（见表 1），对各元器件进行识别与检测，以确保元器件可以正常工作，并了解它们在电路中的作用。

（2）元器件的安装。按照工作原理图，将元器件放置在电路板焊接位置上，安装元器件并做引线成形。弯脚时，应将元件根部留 5 ~ 10 mm 长度，以免损坏元器件。

（3）元器件的焊接。焊接时焊点应圆滑无毛刺，焊接完成后应检查线路与焊点，避免出现虚焊、漏焊与错焊。

实训任务 2　检查与调试直流稳压电路

1. 通电前检查

在外接电路全部接好后，应首先检查各个元器件本身是否完好，连接是否正确，有无虚焊、错焊或短路之处。在上述各点都检查正确之后，方可通电，进行下一步的检查与调试。

2. 通电调试

(1)当确认电路无误时，进行通电试验。观察电路有无冒烟、焦煳味、放电火花等异常现象，如果有立即切断电源查出原因。如无异常，可用万用表的交流电压挡测量变压器一次电压(应为220 V左右)和二次电压(应为18 V左右)，用直流电压挡测整流滤波后的直流输出电压，并记录数值________________。

(2)调节电位器数值，用万用表的直流电压挡测整流滤波后的直流输出电压范围，并记录数值________________。

(3)用示波器逐一观察电路中的交流电压、整流输出电压、滤波输出电压、稳压输出电压和电路波形。

3. 故障排除

在实训过程中，若出现故障，请用万用表测量进行故障排除，并将故障现象及故障原因填入表2中。

表2　故障排除

编号	故障现象	故障原因
1		
2		
3		

考核评价与反馈

一、考核评价标准

考核评价标准见表5-3-2。

表5-3-2　考核评价标准

评价项目	评价内容	评价标准	分数
综合素养	工作现场整理、整顿	整理、整顿不到位，扣5分	20
	操作遵守安全规范要求	违反安全规范要求，每次扣5分	
	遵守纪律，工作参与积极性和主动性	不遵守教学纪律，有迟到、早退等违纪现象，每次扣2分；参与不积极主动扣5～10分	
实训工作过程	引导问题知识清楚、明确	回答错误，每处扣2分	10
	元器件选用正确，电气参数识读正确，记录书写认真、规范	元器件选用错误，每项扣5分；电气参数识读错误，每项扣2分；书写不认真扣2分	15
	元器件布局合理、美观，插装符合要求，排列整齐，焊接质量良好	每错一处扣2分；焊点虚焊、漏焊、错焊，每处扣5分	25
	万用表使用规范，测试结果准确，电路正常工作，能在教师指导下排除故障	万用表使用不规范，扣5分；测试结果不正确，每处扣2分；电路不能正常工作，扣5分；不能排除故障，扣5分	10
	示波器使用规范，测试结果准确	示波器使用不规范，扣5分；测试结果不正确，每处扣2分	10
实训结果	实训工单填写完整，书写认真、规范	实训工单填写不完整，每处扣2分；书写不认真、规范，扣5～10分	10
总分			100

二、考核评价反馈工单

考核评价反馈工单见表 5-3-3。

表 5-3-3　考核评价反馈工单

<table>
<tr><td>实训任务名称</td><td colspan="3">设计与装调直流稳压电源</td><td>时间</td><td></td><td>地点</td><td></td></tr>
<tr><td>班级</td><td></td><td>姓名</td><td></td><td>学号</td><td colspan="3"></td></tr>
<tr><td>实训小组</td><td></td><td>组长</td><td></td><td>成员</td><td colspan="3"></td></tr>
<tr><td colspan="4">自评分数：________
学生签字：________</td><td colspan="4">学生任务完成过程中遇到的问题、难点记录：</td></tr>
<tr><td colspan="4">小组评分：________
组长签字：________</td><td colspan="4">组长对组员任务完成情况记录：</td></tr>
<tr><td colspan="4">教师评分：________
教师签字：________</td><td colspan="4">教师点评与反馈：</td></tr>
<tr><td colspan="4" rowspan="2">实训任务成绩：
自评（20%）+小组（20%）+教师（60%）</td><td colspan="2">实训综合成绩</td><td colspan="2"></td></tr>
<tr><td colspan="2">评定日期</td><td colspan="2">年　月　日</td></tr>
</table>

项目六 红外二极管感应报警器的制作与调试

任务一 识别与检测发光二极管

实训目标

(1)了解发光二极管在电路中的作用。

(2)掌握发光二极管的识别及检测方法。

(3)能进行安全文明生产,具有团队合作的精神,具有一定的组织协调能力。

(4)具有学习资料查询、整理和总结的能力。

实训准备

电子工艺实训台、万用表、发光二极管、电烙铁、防静电热风拆焊台、焊锡丝等。

相关知识

一、发光二极管

发光二极管简称 LED,与普通二极管一样具有单向导电性,但正向导通时能发光,是一种能将电能转化为光能的半导体器件,其图形符号如图 6-1-1 所示。

图 6-1-1 发光二极管的图形符号

当给发光二极管加上正向电压后,从 P 区注入 N 区的空穴和由 N 区注入 P 区的电子,在 PN 结附近数微米内分别与 N 区的电子和 P 区的空穴复合,产生自发辐射的荧光。不同的半导体材料中,电子和空穴所释放出的能量状态不同。电子和空穴复合时释放出的能量多少不同,释放出的能量越多,则发出的光的波长越短。根据制成半导体的化合物材料(如砷化镓、磷化镓等)的不同,发出的光波可以是红外线,红、绿、黄、橙等单色光。

普通发光二极管常用作显示器件,如指示灯、七段数码管及手机背景灯等。红外线发光二极管可用在各种红外遥控发射器中。激光二极管常用于 CD 机及激光打印机等电子设备中。

二、发光二极管的识别与检测

1. 从外形上识别

发光二极管的正负极可从引脚长短来识别，长脚为正，短脚为负。

2. 用万用表检测二极管的极性

一般使用指针式万用表的 R×100 挡或 R×1k 挡。发光二极管的检测方法与普通二极管相同，正向电阻一般为几十千欧，反向电阻为无穷大。

检测小功率二极管的正反向电阻，不宜使用 R×1 挡或 R×10k 挡，这是因为 R×1 挡的电流较大，可能烧坏二极管；R×10k 挡的内电源电压较高，易将二极管击穿。

用红、黑表笔同时接触二极管的两根引线，然后对调表笔重新测量。在所测阻值小的那次测量中，黑表笔所接的是正极，红表笔所接的是负极。因为指针式万用表内电源的正极与表的 COM 插孔连通，内电源的负极与表的 + 插孔连通。

注意：数字式万用表的内电源极性正好与指针式万用表相反。

三、二极管质量检测

通常二极管的主要故障有断路、击穿、单向导电性变差（正向电阻变大或反向电阻变小）及性能变差等。

二极管正、反向电阻相差越大越好。两者相差越大，表明二极管性能越好。若二极管的正、反向电阻值相近，表明性能变差；若正、反向电阻都很小，则说明二极管可能被击穿，不能使用；若正、反向电阻都很大，则说明二极管内部断路，不能使用。

学习笔记

技能训练

实训工单见表6-1-1。

表6-1-1　识别与检测发光二极管实训工单

实训任务名称	识别与检测发光二极管			时间		地点	
班级		姓名		学号			
实训小组		组长		成员			

（一）引导问题

请分别画出发光二极管和普通二极管的图形符号，并加以区分。

（二）实训任务

实训任务　识别与检测发光二极管

在电子工艺实训室中，准备不同种类的发光二极管，并将结果记录在表1中。

表1　识别与检测发光二极管记录表

序号	发光二极管类型	符号	正向电阻（万用表量程）	反向电阻（万用表量程）	质量检测结果
1	直插式发光二极管				
2	贴片式发光二极管				

考核评价与反馈

一、考核评价标准

考核评价标准见表6-1-2。

表6-1-2　考核评价标准

评价项目	评价内容	评价标准	分数
综合素养	工作现场整理、整顿	整理、整顿不到位，扣5分	30
	操作遵守安全规范要求	违反安全规范要求，每次扣5分	
	遵守纪律，工作参与积极性和主动性	不遵守教学纪律，有迟到、早退等违纪现象，每次扣2分；参与不积极主动，扣5～10分	
实训工作过程	引导问题知识清楚、明确	回答错误，每处扣2分	10
	万用表使用规范，测试结果准确，能在教师指导下排除故障	万用表使用不规范，扣5分；测试结果不正确，每处扣2分；不能排除故障，扣5分	25
	元器件选择使用正确，测量结果准确	元器件选择、使用不规范，每次扣2分；测量结果不准确，每项扣2分	25
实训结果	实训工单填写完整，书写认真、规范	实训工单填写不完整，每处扣2分；书写不认真、规范，扣5～10分	10
总分			100

二、考核评价反馈工单

考核评价反馈工单见表6-1-3。

表6-1-3　考核评价反馈工单

<table>
<tr><td>实训任务名称</td><td colspan="3">识别与检测发光二极管</td><td>时间</td><td></td><td>地点</td><td></td></tr>
<tr><td>班级</td><td></td><td>姓名</td><td></td><td>学号</td><td colspan="3"></td></tr>
<tr><td>实训小组</td><td></td><td>组长</td><td></td><td>成员</td><td colspan="3"></td></tr>
<tr><td colspan="3">自评分数：________
学生签字：________</td><td colspan="5">学生任务完成过程中遇到的问题、难点记录：</td></tr>
<tr><td colspan="3">小组评分：________
组长签字：________</td><td colspan="5">组长对组员任务完成情况记录：</td></tr>
<tr><td colspan="3">教师评分：________
教师签字：________</td><td colspan="5">教师点评与反馈：</td></tr>
<tr><td colspan="3" rowspan="2">实训任务成绩：
自评（20%）+小组（20%）+教师（60%）</td><td colspan="4">实训综合成绩</td><td></td></tr>
<tr><td colspan="4">评定日期</td><td>年　月　日</td></tr>
</table>

任务二　识别与检测蜂鸣器

实训目标

（1）了解蜂鸣器的类型、作用及外形结构。

（2）掌握压电式蜂鸣器的工作原理。

（3）掌握蜂鸣器的识别及检测方法。

（4）能进行安全文明生产，具有团队合作的精神，具有一定的组织协调能力。

（5）具有学习资料查询、整理和总结的能力。

实训准备

电子工艺实训台、万用表、蜂鸣器、电烙铁、防静电热风拆焊台、焊锡丝等。

相关知识

一、蜂鸣器简介

蜂鸣器又称音响器、讯响器，是一种小型化的电声器件。它采用直流电压供电，普遍应用于计算机、打印机、报警器、定时器等电子产品中做发声器件。按工作原理，蜂鸣器分为压电式和电磁式两大类，如图 6-2-1 所示。

（a）压电式　　（b）电磁式

图 6-2-1　两种蜂鸣器

1. 压电式蜂鸣器

压电式蜂鸣器主要组成结构有多谐振荡器、压电蜂鸣片、阻抗匹配器及共鸣箱、外壳等。多谐振荡器由三极管或集成电路构成，当接通电源后（1.5 ~ 15 V 直流工作电压），多谐振荡器起振，输出 1.5 ~ 2.5 kHz 的音频信号，阻抗匹配器推进压电蜂鸣片进行发声。压电蜂鸣片由锆钛酸铅或铌镁酸铅压电陶瓷材料制成，在陶瓷片的两面镀上银电极，经极化和老化处置后，再与黄铜片或不锈钢片粘在一起。有的压电式蜂鸣器外壳上还装有发光二极管。

目前，电子制作中常用的蜂鸣器几乎都采用压电陶瓷片，其具有压电效应。即压电陶瓷片在受力作用后，其厚度上发生机械变形，导致其表面上出现电荷或在其电极上产生电位差，当陶瓷蜂鸣器施加一个与压电片极化方向相同的电压时，则极化强度增强，陶瓷片就沿径向伸长；反之，当外加电压方向与陶瓷片极化方向相反时，极化强度减弱，陶瓷片就沿径向收缩，即电致伸缩现象。由于粘胶在陶瓷片上的金属片既不扩张也不收缩。当陶瓷片产生电致伸缩现象时，陶瓷片径向伸缩变为弯曲振动。当陶瓷片产生时大时小，时上时下的振动，前期周围的空气发出相应的声波，当声波与共振腔体产生共振时，就可以听到比较大的声音了。

2. 电磁式蜂鸣器

电磁式蜂鸣器的内部由磁铁、线圈和振动膜片等组成，当音频电流流过线圈时，线圈产生磁场，振动膜则以音频信号相同的周期被吸合和释放，产生机械振动，并在共鸣腔的作用下发出声响。

二、蜂鸣器的检测方法

用万用表 R × 1 挡测试，可以判断有源蜂鸣器和无源蜂鸣器。判断的方法是：用黑表笔接蜂鸣器“ + ”引脚，红表笔在另一引脚上来回碰触，如果触发出“咔咔”声且电阻只有 8 Ω（或 16 Ω）的，是无源蜂鸣器；如果触发出持续声音且电阻在几百欧以上的，是有源蜂鸣器。

有源蜂鸣器直接接上额定电源（新的蜂鸣器在标签上都有注明）就可连续发声；而无源蜂鸣器则和电磁扬声器一样，需要接在音频输出电路中才能发声。

学习笔记

技能训练

实训工单见表 6-2-1。

表 6-2-1　识别与检测蜂鸣器实训工单

实训任务名称	识别与检测蜂鸣器		时间		地点	
班级		姓名		学号		
实训小组		组长		成员		

(一)引导问题

通过查询资料,举例说明蜂鸣器在实际生活中的应用。

(二)实训任务

实训任务　识别与检测蜂鸣器

在电子工艺实训室中,准备不同种类的蜂鸣器,并将结果记录在表 1 中。

表 1　识别与检测蜂鸣器记录表

序号	电阻器阻值(万用表量程)	符号	蜂鸣器类型(有源/无源)	质量检测结果
1				
2				
3				
4				
5				

考核评价与反馈

一、考核评价标准

考核评价标准见表 6-2-2。

表 6-2-2　考核评价标准

评价项目	评价内容	评价标准	分数
综合素养	工作现场整理、整顿	整理、整顿不到位,扣 5 分	30
	操作遵守安全规范要求	违反安全规范要求,每次扣 5 分	
	遵守纪律,工作参与积极性和主动性	不遵守教学纪律,有迟到、早退等违纪现象,每次扣 2 分;参与不积极主动,扣 5 ~ 10 分	

续表

评价项目	评价内容	评价标准	分数
实训工作过程	引导问题知识清楚、明确	回答错误，每处扣2分	10
	万用表使用规范，测试结果准确，能在教师指导下排除故障	万用表使用不规范，扣5分；测试结果不正确，每处扣2分；不能排除故障，扣5分	25
	元器件选择使用正确，测量结果准确	元器件选择、使用不规范，每次扣2分；测量结果不准确，每项扣2分	25
实训结果	实训工单填写完整，书写认真、规范	实训工单填写不完整，每处扣2分；书写不认真、规范，扣5～10分	10
总分			100

二、考核评价反馈工单

考核评价反馈工单见表6-2-3。

表6-2-3　考核评价反馈工单

实训任务名称	识别与检测蜂鸣器		时间		地点	
班级		姓名		学号		
实训小组		组长		成员		
自评分数：________ 学生签字：________			学生任务完成过程中遇到的问题、难点记录：			
小组评分：________ 组长签字：________			组长对组员任务完成情况记录：			
教师评分：________ 教师签字：________			教师点评与反馈：			
实训任务成绩： 自评（20%）+小组（20%）+教师（60%）			实训综合成绩			
			评定日期		年　月　日	

任务三　识别与检测半导体三极管

实训目标

（1）了解半导体三极管在电路中的作用。

（2）掌握半导体三极管的识别及检测方法。

（3）了解半导体三极管的性能指标。

（4）能进行安全文明生产，具有团队合作的精神，具有一定的组织协调能力。

（5）具有学习资料查询、整理和总结的能力。

实训准备

电子工艺实训台、万用表、半导体三极管、电烙铁、防静电热风拆焊台、焊锡丝等。

相关知识

一、半导体三极管电路符号

半导体三极管(简称"三极管")由两个 PN 结(发射结和集电结)、三根电极引线(基极、发射极和集电极)及外壳封装构成。三极管除具有放大作用之外,还能起电子开关、控制等作用,是电子电路与电子设备中广泛使用的基本元器件。

三极管按材料可分为硅管、锗管和化合物材料三极管;按 PN 结类型可分为 PNP 型和 NPN 型;按工作频率可分为低频管和高频管;按用途可分为电压放大管、大功率管、开关管等。

NPN 型和 PNP 型三极管的结构及图形符号如图 6-3-1 所示。

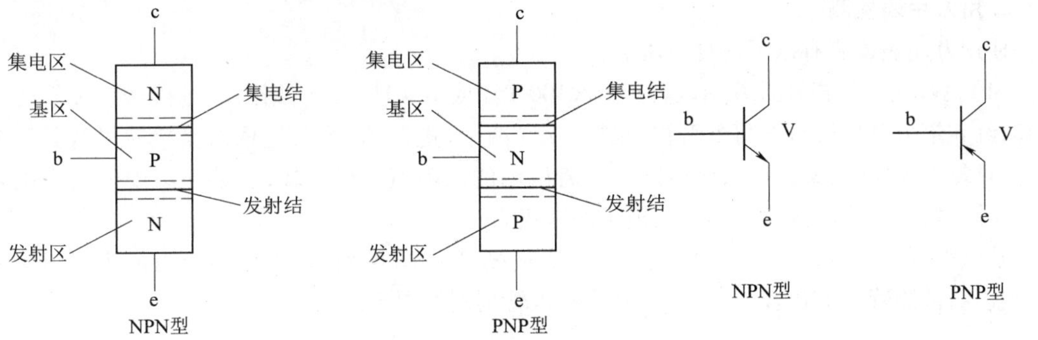

(a) 结构示意图 (b) 图形符号

图 6-3-1 三极管的结构示意图和图形符号

二、常用三极管的识别与检测

常用三极管的实物图及引脚说明见表 6-3-1。

表 6-3-1 常用三极管的实物图及引脚说明

名称	实物图及引脚说明	名称	实物图及引脚说明
塑料封装三极管及引脚说明	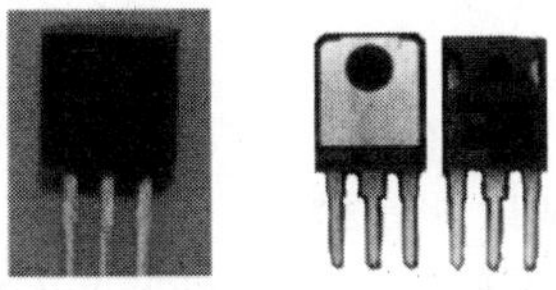	金属壳封装三极管及引脚说明	
	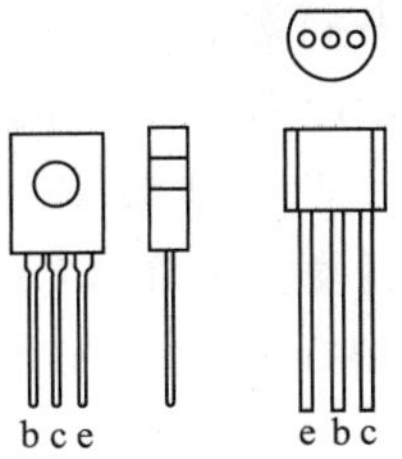		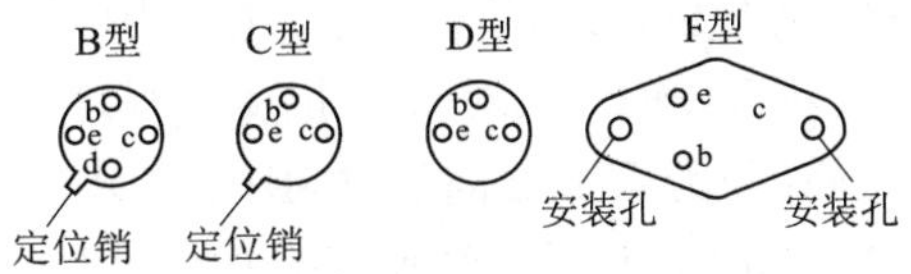

1. 从外观判别三极管的极性

(1)三极管的三个引脚排列有一定的规律,根据这一规律,可以从外观判断引脚的极性。金属外壳的三极管引脚判断:其三个引脚呈等腰三角形排列,三角形的顶脚为基极B,管边沿突出的部分对应为发射极E,另一引脚为集电极C。

(2)四个引脚的三极管:四个引脚分别为基极B、发射极E、集电极C和接地脚D(接三极管外壳)。其引脚排列规律为:将引脚对着观察者,从管边沿突出的部分开始,按顺时针方向依次为发射极E、基极B、集电极C和接地脚D。

(3)大功率三极管:它只有两个引脚(B、E)。判断其引脚的方法为:将引脚对着观察者,使两个引脚位于左侧,则上引脚为发射极E,下引脚为基极B,管壳为集电极C。

(4)塑料封装三极管引脚的判断:将其引脚朝下,顶部切角对着观察者,则从左至右排列为:发射极E、基极B和集电极C。

(5)装有金属散热片的三极管:判定时其引脚朝下,将其印有型号的一面对着观察者,散热片的一面为背面,则从左至右排列为:基极B、集电极C、发射极E。

2. 用万用表检测

使用万用表检测有以下三种方法。

(1)找基极。将指针式万用表置于R×100挡(或R×1k挡)。用黑表笔接触三极管的一个引脚,红表笔分别接触另外两个引脚,测得一组(两个)电阻值;黑表笔依次换接三极管其余两个引脚,重复上述操作,又测得两组电阻值。将所测的电阻值进行比较,当某一组中的两个电阻值基本相同时,黑表笔所接的引脚为三极管的基极。

若该组两个阻值为三组中的最小,则说明被测管为NPN型;若该组两个阻值为三组中的最大,则说明被测管为PNP型。NPN、PNP型三极管判别如图6-3-2所示。

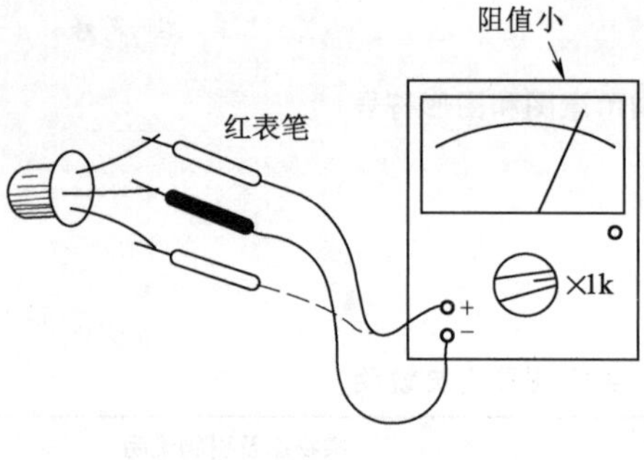

(a) NPN型管

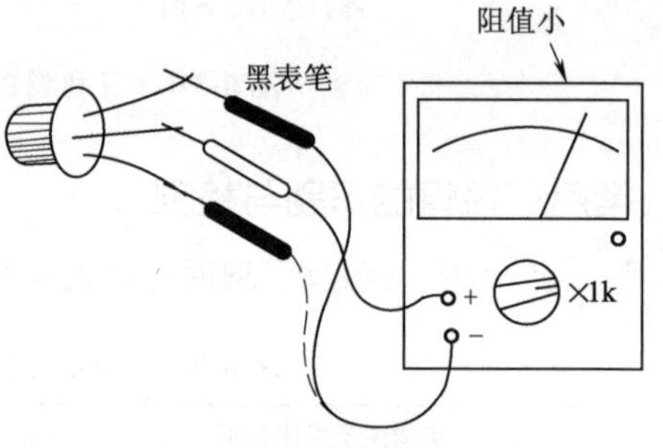

(b) PNP型管

图6-3-2 NPN、PNP型管判别

(2)集电极C和发射极E的区分。在测试完三极管的基极和管型后,已经确定基极B,因而对另外两个电极,一个假设为集电极C,另一个假设为发射极E:在CB之间接上人体电阻(用手捏紧C、B两电极,但不能将C、B两电极短接)代替基极电阻,并将黑表笔(对应万用表内电源的正极)接C极,红表笔(对应万用表内电源的负极)接E极,测量出C、E之间的等效电阻,并记录下来;然后按前一次对C、E相反的假设,再测量一次。比较两次测量结果,以电阻小的那次为假设正确(因为C、E之间的电阻小,说明三极管的放大倍数大,假设就正确)。若三极管为PNP型管,在测量时,只需将红表笔接C极,黑表笔接E极即可。图6-3-3所示为NPN、PNP型三极管集电极的测量。

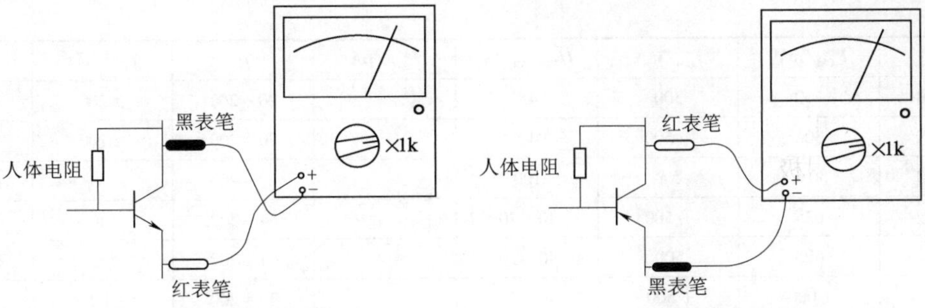

图 6-3-3　NPN、PNP 型管集电极判别

注意：在实际应用中，除了上面的测量方法，万用表中常常还带有专门用于判断三极管引脚极性的插孔，将三极管插入专用孔内即可判断引脚极性。请查阅相关资料，说明该插孔的使用方法，并实际应用验证一下。

(3)硅管和锗管的判别。目前市场上锗管大多为 PNP 型，硅管多为 NPN 型。用万用表 R × 1k 挡测量三极管发射结的正、反向电阻大小（对 NPN 型管，黑表笔接基极，红表笔接发射极；对 PNP 型管，则黑、红表笔对调）。

若测得阻值为 3 ~ 10 kΩ，说明是硅管；若测得阻值为 500 ~ 1 000 kΩ，说明是锗管。

(4)三极管好坏的检测。用万用表的电阻挡（R × 100 或 R × 1k）测量三极管两个 PN 结的正、反向电阻的大小，根据测量结果，判断三极管的好坏。

三极管好坏的测量结果说明见表 6-3-2。

表 6-3-2　三极管好坏的测量结果说明

测量结果	说明
测得三极管的任意一个 PN 结的正、反向电阻都很小	三极管有击穿现象
测得三极管 PN 结的正、反向电阻都是无穷大	三极管内部出现断路现象
测得三极管任意一个 PN 结的正、反向电阻相差不大	三极管的性能变差

三、三极管的性能指标

(1)交流电流放大系数 β：三极管工作点附近集电极电流变化量与相应的基极电流变化量之比。

(2)集电极-发射极穿透电流 I_{CEO}：I_{CEO} 对温度变化较敏感，所以希望 I_{CEO} 越小越好，以免影响放大电路的稳定性。

(3)极限参数：三极管正常工作时，所允许的最大电流、电压和功率，即集电极最大的允许电流 I_{CM}、集电极-发射极反向击穿电压 $U_{CEO(BR)}$、集电极最大允许耗散功率 P_{CM}。

(4)f_T：三极管的高频特性参数，定义为电流放大系数 β 值下降至 1 时的频率，反映了三极管在高频工作时的极限性能。

表 6-3-3 所示为部分型号三极管的具体参数值。

表 6-3-3　部分型号三极管的具体参数值

型号	P_{CM}/mW	I_{CM}/mA	$U_{CEO(BR)}$/V	I_{CEO}/μA	β	f_T/MHz	备注
3DG6C	100	20	45	≤0.01	20 ~ 200	≥250	硅、NPN
3CG14F	100	-500	35		20 ~ 200	≥200	硅、PNP

续表

型号	P_{CM}/mW	I_{CM}/mA	$U_{CEO(BR)}$/V	I_{CEO}/μA	β	f_T/MHz	备注
3DG12B	700	300	45		20 ~ 200	≥200	硅、NPN
3CG21C	300	−500	40		20 ~ 200	≥100	硅、PNP
3DD15B	50W	5A	100		20 ~ 200		硅、NPN
9012	625	−500	40 ~ 20		64 ~ 202	150	硅、PNP
9013	625	500	40 ~ 20		64 ~ 202	150	硅、NPN
8050	1 000	1 500	40 ~ 25		20 ~ 200	100	硅、NPN
8550	1 000	1 500	40 ~ 25		20 ~ 200	100	硅、PNP
BD243C	65 W	6 A	100				硅、NPN

学习笔记

技能训练

实训工单见表 6-3-4。

表 6-3-4　识别与检测半导体三极管实训工单

实训任务名称	识别与检测半导体三极管			时间		地点	
班级		姓名		学号			
实训小组		组长		成员			
(一)引导问题							
画出 NPN 型和 PNP 型三极管的结构及图形符号。							
(二)实训任务							

实训任务　识别与检测半导体三极管

在电子工艺实训室中,准备不同种类的三极管,并将结果记录在表 1 中。

表 1　识别与检测半导体三极管记录表

序号	三极管类型 (NPN、PNP)	三极管材料 (硅管、锗管)	引脚 排列图	万用表黑表笔接基极, 红表笔分别接另两引脚的阻值	质量检测结果
1					
2					
3					
4					

考核评价与反馈

一、考核评价标准

考核评价标准见表 6-3-5。

表 6-3-5　考核评价标准

评价项目	评价内容	评价标准	分数
综合素养	工作现场整理、整顿	整理、整顿不到位,扣 5 分	30
	操作遵守安全规范要求	违反安全规范要求,每次扣 5 分	
	遵守纪律,工作参与积极性和主动性	不遵守教学纪律,有迟到、早退等违纪现象,每次扣 2 分;参与不积极主动,扣 5 ~ 10 分	

续表

评价项目	评价内容	评价标准	分数
实训工作过程	引导问题知识清楚、明确	回答错误，每处扣2分	10
	万用表使用规范，测试结果准确，能在教师指导下排除故障	万用表使用不规范，扣5分；测试结果不正确，每处扣2分；不能排除故障，扣5分	30
	元器件选择使用正确，测量结果准确	元器件选择、使用不规范，每次扣2分；测量结果不准确，每项扣2分	20
实训结果	实训工单填写完整，书写认真、规范	实训工单填写不完整，每处扣2分；书写不认真、规范，扣5～10分	10
总分			100

二、考核评价反馈工单

考核评价反馈工单见表6-3-6。

表6-3-6　考核评价反馈工单

<table>
<tr><td>实训任务名称</td><td colspan="3">识别与检测半导体三极管</td><td>时间</td><td></td><td>地点</td><td></td></tr>
<tr><td>班级</td><td></td><td>姓名</td><td></td><td>学号</td><td colspan="3"></td></tr>
<tr><td>实训小组</td><td></td><td>组长</td><td></td><td>成员</td><td colspan="3"></td></tr>
<tr><td colspan="3">自评分数：________
学生签字：________</td><td colspan="5">学生任务完成过程中遇到的问题、难点记录：</td></tr>
<tr><td colspan="3">小组评分：________
组长签字：________</td><td colspan="5">组长对组员任务完成情况记录：</td></tr>
<tr><td colspan="3">教师评分：________
教师签字：________</td><td colspan="5">教师点评与反馈：</td></tr>
<tr><td colspan="3" rowspan="2">实训任务成绩：
自评(20%)＋小组(20%)＋教师(60%)</td><td colspan="3">实训综合成绩</td><td colspan="2"></td></tr>
<tr><td colspan="3">评定日期</td><td colspan="2">年　月　日</td></tr>
</table>

任务四　制作与调试红外二极管感应报警器

实训目标

（1）理解红外二极管感应报警电路工作原理。

（2）掌握红外二极管感应报警电路的调试和测量方法。

（3）正确掌握直插元器件的焊接技巧及装调技术。

(4)能进行安全文明生产,具有团队合作的精神,具有一定的组织协调能力。

(5)具有学习资料查询、整理和总结的能力。

实训准备

电子工艺实训台、万用表、运算放大器 LM358、发光二极管、半导体三极管、蜂鸣器、防静电热风拆焊台、电阻器等。

相关知识

一、运算放大器 LM358 简介

LM358 是常用的双运算放大器集成电路,具有 8 个引脚,而且是贴片式,便于电路焊接,其引脚定义如图 6-4-1 所示。

可以看到元件两侧是对称分布的,1、2、3 引脚负责左半部分的集成运放接入,5、6、7 引脚负责右半部分的集成运放接入。1 引脚和 7 引脚是输出端 OUT1 和 OUT2;2 引脚和 3 引脚为一对,5 引脚和 6 引脚是一对。2 引脚是其中一个运算放大器的反相输入端,3 引脚是该运算放大器的同相输入端;5 引脚是另一个运算放大器的同相输入端,6 引脚是该运算放大器的反相输入端;4 引脚在双电源工作时充当负电源接入端,在单电源工作时充当接地端;8 引脚是正电源接入端。

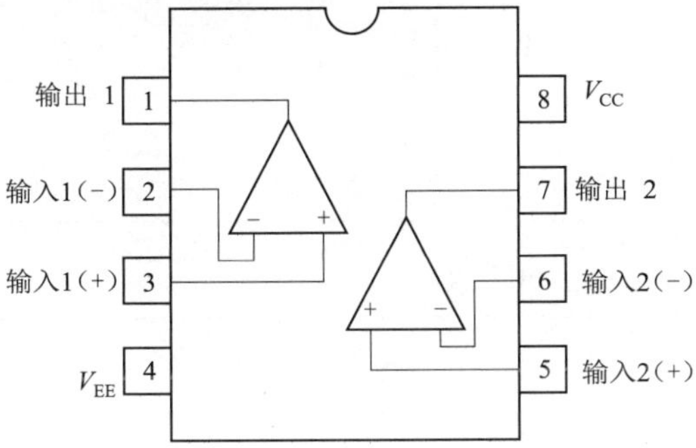

图 6-4-1　LM358 的引脚定义

LM358 在其封装结构的内部具有两个双运算放大器,它们是独立工作的,互不影响。值得注意的是,两个集成运放内部频率是相互补偿的,可以提高工作效率和工作范围,如用在电源电压范围很宽的单电源电路中或者用于双电源电路中。

二、红外二极管感应报警电路的工作原理

红外二极管感应报警电路由红外发射管 D1、红外接收管 D2 为核心的红外感应电路,以可调电阻 RP、通用运算放大器 LM358 为核心的比较电路和三极管、蜂鸣器、发光二极管 D3 等构成,其原理图如图 6-4-2 所示。

通上 5 V 电源,红外发射管 D1 导通,发出红外光(眼睛是看不见的),若此时没有物体挡住光,则红外接收管 D2 没有接收到红外光,红外接收管 D2 仍然处于反向截止状态。红外接收管 D2 负极的电压仍然为高电平(约 5 V),因此 LM358 的 3 引脚为高电平。LM358 的 2 引脚电压取决于可调电阻 RP,只要调节可调电阻 RP 到合适的数值(用万用表测量 LM358 的 2 引脚的电压约为 2.5 V),根据比较器的工作原理,可知 LM358 的 1 引脚就会输出高电平,致使三极管 V1、V2 截

止，蜂鸣器 LS 不发声，发光二极管 D3 熄灭。

当用物体靠近红外发射管 D1 时，将红外光挡住并反射到红外接收管 D2 上，D2 立刻导通，使得红外接收管 D2 负极的电压急速下降，该电压送到 LM358 的 3 引脚上。

LM358 的 3 引脚电压下降到低于 2 引脚的电压，根据比较器的工作原理，LM358 的 1 引脚就会输出低电平，致使三极管 V1、V2 导通，蜂鸣器 LS 发声，发光二极管 D3 点亮，从而实现报警。

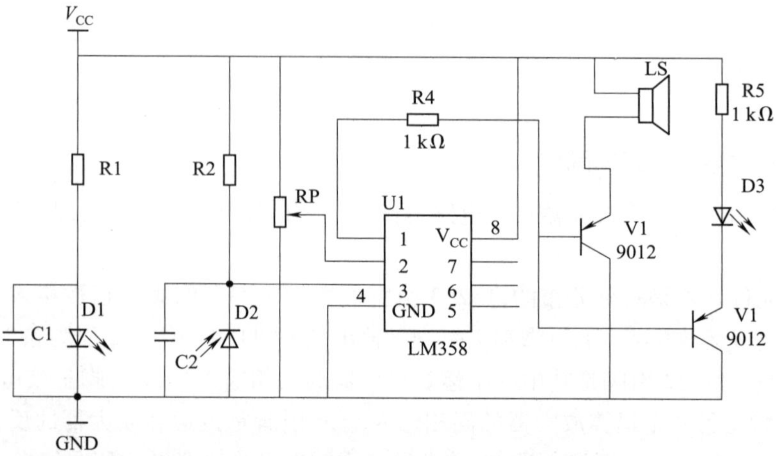

图 6-4-2　红外二极管感应报警电路原理图

学习笔记

技能训练

实训工单见表6-4-1。

表6-4-1　制作与调试红外二极管感应报警器实训工单

实训任务名称	制作与调试红外二极管感应报警器			时间		地点	
班级		姓名		学号			
实训小组		组长		成员			

（一）引导问题

LM358是常用的双运算放大器集成电路，通过资料查询，找出其他通用的运算放大器集成电路。

（二）实训任务

实训任务1　制作与调试红外二极管感应报警器电路

1. 电路元器件的识别与检测

根据材料清单（见表1）将红外二极管感应报警电路的元器件进行清点与识别，检查有无漏、错、损坏等现象，如电阻器、二极管、三极管、电容器等均符合要求（不短路、不开路、无漏电等），并填写相对应的检测结果。

表1　红外二极管感应报警电路材料清单

序号	符号	名称	参数	数量	检测结果
1	R1	电阻器	200 Ω	1	色环： 实测值：
2	R2	电阻器	36 kΩ	1	色环： 实测值：
3	R4、R5	电阻器	1 kΩ	2	色环： 实测值：
4	RP	电位器	10 kΩ	1	色环： 实测值：
5	C1、C2	瓷片电容器	0.1 μF	1	读数：
6	D1	红外发射管	LED	1	极性：
7	D2	红外接收管	LED	1	极性：
8	D3	发光二极管	LED	1	极性：
9	V1、V2	三极管	9012	1	引脚排列：
10	U1	集成块	LM358	1	引脚排列：
11	LS	蜂鸣器	5 V	1	

2. 红外二极管感应报警器电路安装工艺要求

（1）元器件插装、焊接均按万能板孔距进行插装、焊接；元器件引脚折弯或整形时可以借助镊子或小螺丝刀对引脚进行整形。

（2）元器件插装和布局要求做到整齐、美观、合理；元器件应插装到位，无明显倾斜、变形现象等。

（3）对于同一阻值的色环电阻要考虑方向的一致性；插装有极性的元器件时，不得插反和插错。

(4)所焊接元器件的焊点大小适中、光滑、圆润、干净,无毛刺;无漏焊、假焊、虚焊、连焊,引脚加工尺寸及成型符合工艺要求。

3. 制作红外二极管感应报警器

(1)根据原理图和万能板大小,绘制电路元器件排列布局图(注意避免出现跳线)。

(2)按照材料清单归类放好,并按照工艺要求对元器件引脚进行成型加工。

(3)根据自己画好的元器件布局图,依次进行元器件的插装、排列,并按工艺要求进行焊接。

(4)电源接口焊接排针即可。

对于三极管安装,三个电极引脚分别成一定角度,有时需要将中间的引脚向前或向后弯曲成一定角度,具体情况视电路板上的安装孔距来确定引脚尺寸。其中,电阻器采用卧式安装,电容器、发光二极管采用立式安装。红外二极管感应报警电路实物图如图1所示。

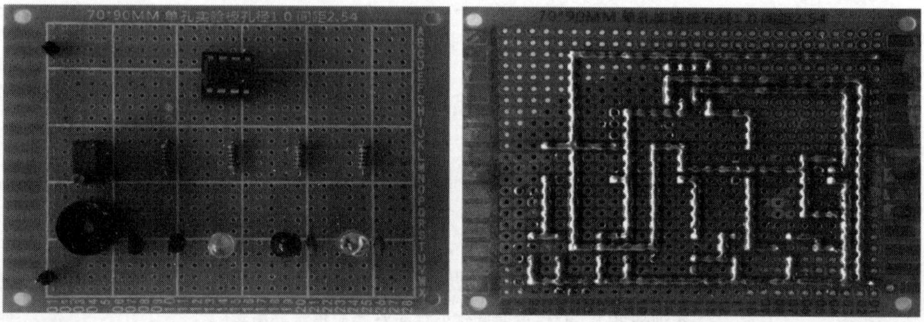

(a) 装配正面　　(b) 装配反面

图1　红外二极管感应报警电路实物图

实训任务2　检查与调试红外二极管感应报警器电路

完成安装和焊接后,接通电源,即可开始进行调试,可用手或黑胶布作为遮挡物体,然后接入5 V电压,调节RP阻值,使LM358的2引脚电压小于3引脚电压。当感应到物体时,电路正常工作;当未感应到物体时,电路不正常工作,请用万用表测量LM358的引脚电压,将测量结果填入表2中。

表2　LM358引脚电压测量结果

状态	1引脚电压/V	2引脚电压/V	3引脚电压/V
感应到物体			
未感应到物体			

通过以上调试,当手移动到红外发射管D1和红外接收管D2上时,蜂鸣器发声,发光二极管点亮;当手离开红外发射管D1和红外接收管D2上时,蜂鸣器停止发声,发光二极管熄灭,从而实现了感应手势的效果。

思考题:如果调节电位器RP的阻值,蜂鸣器一直不报警,试说明原因。

考核评价与反馈

一、考核评价标准

考核评价标准见表 6-4-2。

表 6-4-2　考核评价标准

评价项目	评价内容	评价标准	分数
综合素养	工作现场整理、整顿	整理、整顿不到位，扣 5 分	20
	操作遵守安全规范要求	违反安全规范要求，每次扣 5 分	
	遵守纪律，工作参与积极性和主动性	不遵守教学纪律，有迟到、早退等违纪现象，每次扣 2 分；参与不积极主动，扣 5～10 分	
实训工作过程	引导问题知识清楚、明确	回答错误，每处扣 2 分	10
	元器件选用正确，电气参数识读正确，记录书写认真、规范	元器件选用错误，每项扣 5 分；电气参数识读错误，每项扣 2 分；书写不认真，扣 2 分	15
	元器件布局合理、美观，插装符合要求，排列整齐，焊接质量良好	每错一处扣 2 分；焊点虚焊、漏焊、错焊，每处扣 5 分	25
	万用表使用规范，测试结果准确，电路正常工作，能在教师指导下排除故障	万用表使用不规范，扣 5 分；测试结果不正确，每处扣 2 分；电路不能正常工作，扣 5 分；不能排除故障，扣 5 分	20
实训结果	实训工单填写完整，书写认真、规范	实训工单填写不完整，每处扣 2 分；书写不认真、规范，扣 5～10 分	10
总分			100

二、考核评价反馈工单

考核评价反馈工单见表 6-4-3。

表 6-4-3　考核评价反馈工单

<table>
<tr><td>实训任务名称</td><td colspan="3">制作与调试红外二极管感应报警器</td><td>时间</td><td></td><td>地点</td><td></td></tr>
<tr><td>班级</td><td></td><td>姓名</td><td></td><td>学号</td><td colspan="3"></td></tr>
<tr><td>实训小组</td><td></td><td>组长</td><td></td><td>成员</td><td colspan="3"></td></tr>
<tr><td colspan="4">自评分数：________
学生签字：________</td><td colspan="4">学生任务完成过程中遇到的问题、难点记录：</td></tr>
<tr><td colspan="4">小组评分：________
组长签字：________</td><td colspan="4">组长对组员任务完成情况记录：</td></tr>
<tr><td colspan="4">教师评分：________
教师签字：________</td><td colspan="4">教师点评与反馈：</td></tr>
<tr><td colspan="4" rowspan="2">实训任务成绩：
自评（20%）+小组（20%）+教师（60%）</td><td colspan="2">实训综合成绩</td><td colspan="2"></td></tr>
<tr><td colspan="2">评定日期</td><td colspan="2">年　月　日</td></tr>
</table>

项目七 多传感器质量检测逻辑表决电路的设计与制作

任务一　设计多传感器质量检测逻辑表决电路

实训目标

(1)理解与非门的逻辑含义。

(2)了解 74LS00 和 74LS10 两个芯片的内部结构和引脚功能。

(3)正确识别和检测所用电子元器件的引脚功能。

(4)掌握多传感器质量检测逻辑表决电路的设计方法。

(5)能进行安全文明生产,具有团队合作的精神,具有一定的组织协调能力。

(6)具有学习资料查询、整理和总结的能力。

实训准备

电子工艺实训台、万用表、74LS00 芯片、74LS10 芯片、按钮、发光二极管、电阻器等。

相关知识

一、与非门

将一个与门和一个非门连接起来,就构成了一个与非门。

与非门的逻辑函数表达式可以写成

$$Y=\overline{A\cdot B}$$

它的逻辑结构及符号分别如图 7-1-1 所示。

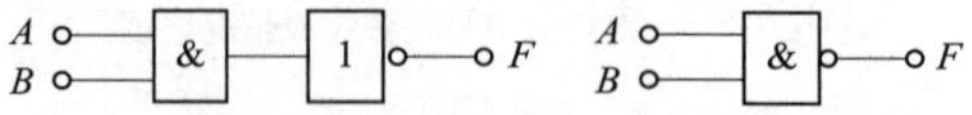

图 7-1-1　与非门逻辑结构及符号

根据与非门的逻辑函数式,可得到其真值表,见表 7-1-1。

表 7-1-1　与非门真值表

输入变量		输出变量
A	B	$Y=\overline{A\cdot B}$
0	0	1
0	1	1
1	0	1
1	1	0

由表 7-1-1 可知,与非门的逻辑功能是:有 0 出 1,全 1 出 0。与非门的输入端可以不止两个,但逻辑关系是一致的。

二、主要芯片简介

74LS00 芯片是常用的具有四组二输入端的与非门集成电路,74LS10 芯片是常用的具有三组三输入端的与非门集成电路,它们都是为了实现“与非”逻辑功能。其引脚排列如图 7-1-2、图 7-1-3所示。

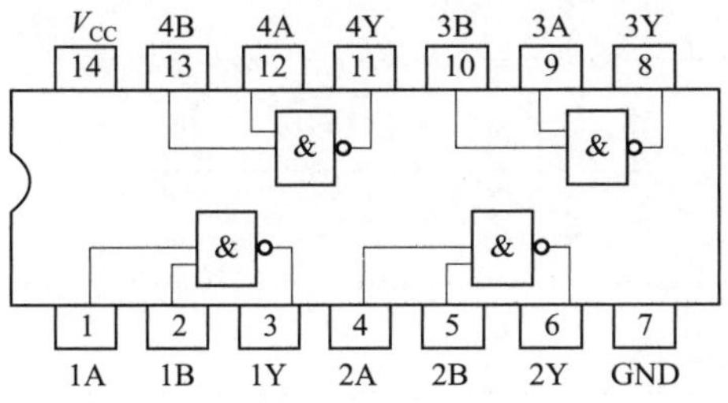

图 7-1-2　74LS00 四 2 输入与非门引脚排列

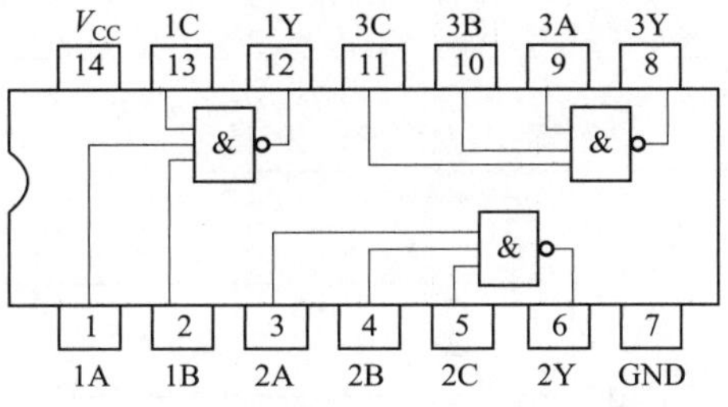

图 7-1-3　74LS10 三 3 输入与非门引脚排列

三、设计要求

在自动化生产线上,通过三个高精度传感器 A、B、C 对产品缺陷进行同步检测,采用多数表决器电路实现多数决策机制。具体流程包括:

(1)信号采集:三个传感器分别检测产品表面划痕、尺寸偏差、材料缺陷等参数,输出高低电平信号。

(2)逻辑表决:多数表决器接收传感器信号,当至少两个传感器判定为合格时(两路及以上高电平输入),输出“合格”指令(输出高电平);否则,判定为不合格,输出低电平。

(3)执行动作:表决结果触发分拣机械臂,将合格品送入下一工序,不合格品转移至返修区。

本任务设计逻辑表决电路,并用与非门芯片实现。

学习笔记

技能训练

实训工单见表 7-1-2。

表 7-1-2　设计多传感器质量检测逻辑表决电路实训工单

实训任务名称	设计多传感器质量检测逻辑表决电路			时间		地点	
班级		姓名		学号			
实训小组		组长		成员			

（一）引导问题

根据设计要求和功能描述可知，多传感器质量检测逻辑表决电路是组合逻辑电路的一种，请写出组合逻辑电路的设计步骤。

（二）实训任务

实训任务　设计多传感器质量检测逻辑表决电路

1. 电路元器件的识别与检测

根据材料清单（见表 1）将多传感器质量检测逻辑表决电路的元器件进行清点与识别，检查有无漏、错、损坏等现象，如电阻器、发光二极管等均符合要求（不短路、不开路、无漏电等），并填写相对应的检测结果。

表 1　多传感器质量检测逻辑表决电路材料清单

序号	符号	名称	规格型号	数量	检测结果
1	U1	四 2 输入与非门	74LS00	1	引脚排列：
2	U2	三 3 输入与非门	74LS10	1	引脚排列：
3	R1、R2、R3	电阻器	1 kΩ	3	实测值：
4	R4	电阻器	300 Ω	1	实测值：
5	S1、S2、S3	按钮	普通	3	触点通断情况：
6	LED	发光二极管	单色发光二极管	1	极性：
7	电源	直流电源	5 V 直流	1	电压：

2. 根据对电路逻辑功能的要求，列写真值表

根据设计要求，设 A、B、C 为三个传感器的输入变量，检测“合格”时输入用 1 表示，“不合格”时输入用 0 表示；表决结果 Y 为输出变量，产品通过检测“合格”用输出 1 表示，“不合格”用输出 0 表示。由此可列出多传感器质量检测逻辑表决电路真值表，见表 2。

表 2　多传感器质量检测逻辑表决电路真值表

输入变量			输出变量
A	B	C	Y
0	0	0	
0	0	1	

续表

输入变量			输出变量
A	*B*	*C*	*Y*
0	1	0	
0	1	1	
1	0	0	
1	0	1	
1	1	0	
1	1	1	

3. 列出逻辑表达式

(1)由真值表列写逻辑表达式。

(2)化简为最简与非表达式。

4. 根据输出逻辑表达式，画出表决电路的逻辑图

考核评价与反馈

一、考核评价标准

考核评价标准见表 7-1-3。

表 7-1-3　考核评价标准

评价项目	评价内容	评价标准	分数
综合素养	工作现场整理、整顿	整理、整顿不到位，扣 5 分	30
	操作遵守安全规范要求	违反安全规范要求，每次扣 5 分	
	遵守纪律，工作参与积极性和主动性	不遵守教学纪律，有迟到、早退等违纪现象，每次扣 2 分；参与不积极主动，扣 5～10 分	

续表

评价项目	评价内容	评价标准	分数
实训工作过程	引导问题知识清楚、明确	回答错误，每处扣2分	10
	万用表使用规范，测试结果准确，能在教师指导下排除故障	万用表使用不规范，扣5分；测试结果不正确，每处扣2分；不能排除故障，扣5分	10
	元器件选择使用正确，测量结果准确	元器件选择、使用不规范，每次扣2分；测量结果不准确，每项扣2分	15
	真值表列写正确，与非式逻辑图绘制正确	真值表列写错误，每处扣2分；与非式逻辑图绘制不正确，扣5分	25
实训结果	实训工单填写完整，书写认真、规范	实训工单填写不完整，每处扣2分；书写不认真、规范，扣5～10分	10
总分			100

二、考核评价反馈工单

考核评价反馈工单见表7-1-4。

表7-1-4　考核评价反馈工单

<table>
<tr><td>实训任务名称</td><td colspan="3">设计多传感器质量检测逻辑表决电路</td><td>时间</td><td></td><td>地点</td><td></td></tr>
<tr><td>班级</td><td></td><td>姓名</td><td></td><td>学号</td><td colspan="3"></td></tr>
<tr><td>实训小组</td><td></td><td>组长</td><td></td><td>成员</td><td colspan="3"></td></tr>
<tr><td colspan="3">自评分数:＿＿＿＿＿＿
学生签字:＿＿＿＿＿＿</td><td colspan="5">学生任务完成过程中遇到的问题、难点记录：</td></tr>
<tr><td colspan="3">小组评分:＿＿＿＿＿＿
组长签字:＿＿＿＿＿＿</td><td colspan="5">组长对组员任务完成情况记录：</td></tr>
<tr><td colspan="3">教师评分:＿＿＿＿＿＿
教师签字:＿＿＿＿＿＿</td><td colspan="5">教师点评与反馈：</td></tr>
<tr><td colspan="3" rowspan="2">实训任务成绩：
自评（20%）+小组（20%）+教师（60%）</td><td colspan="3">实训综合成绩</td><td colspan="2"></td></tr>
<tr><td colspan="3">评定日期</td><td colspan="2">年　月　日</td></tr>
</table>

任务二　安装与调试多传感器质量检测逻辑表决电路

实训目标

(1)掌握多传感器质量检测逻辑表决电路的装调技能、实际意义和具体应用。

(2)熟悉双列直插式数字芯片的焊接技巧。

(3)正确进行实训结果分析,判断具体故障产生原因,快速高效排除故障。

(4)能进行安全文明生产,具有团队合作的精神,具有一定的组织协调能力。

(5)具有学习资料查询、整理和总结的能力。

实训准备

电子工艺实训台、万用表、74LS00 芯片、74LS10 芯片、按钮、发光二极管、电阻器、电烙铁、防静电热风拆焊台、焊锡丝等。

相关知识

一、多传感器质量检测逻辑表决电路装配图

下面用发光二极管的状态来表示表决结果,当发光二极管点亮时表示表决结果“合格”,当发光二极管熄灭时表示表决结果“不合格”。A、B、C 的表决情况用 S1、S2、S3 按钮来实现,按下按钮表示“合格”,不按按钮表示“不合格”。

根据上述说明,结合前面的逻辑电路,可得到多传感器质量检测逻辑表决电路的装配图,如图 7-2-1 所示。

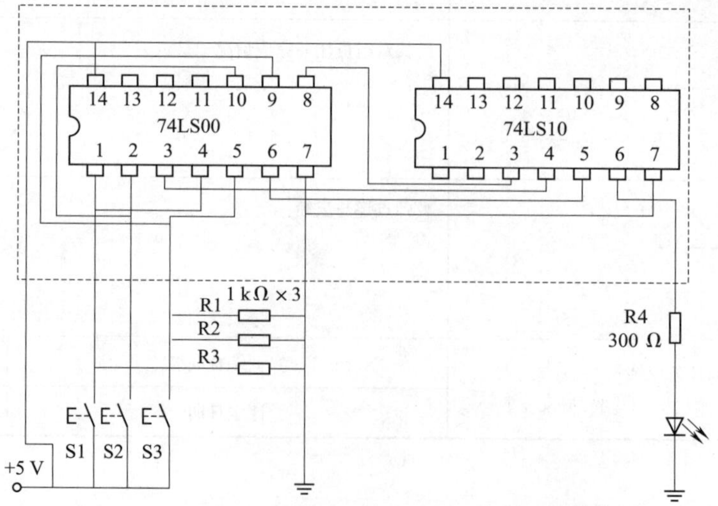

图 7-2-1　多传感器质量检测逻辑表决电路的装配图

技能训练

实训工单见表 7-2-1。

表 7-2-1　安装与调试多传感器质量检测逻辑表决电路实训工单

实训任务名称	安装与调试多传感器质量检测逻辑表决电路		时间		地点	
班级		姓名		学号		
实训小组		组长		成员		
(一)引导问题						
通过资料查询,总结双列直插式数字芯片的焊接技巧。						
(二)实训任务						

实训任务　安装与调试多传感器质量检测逻辑表决电路

1. 多传感器质量检测逻辑表决电路的装调

按照装配图完成电路的组装后,通上 +5 V 电源,按下输入端 A、B、C 的按钮进行不同的组合,观察发光二极管的亮灭,验证电路的逻辑功能。

2. 多传感器质量检测逻辑表决电路正面实物图及反面焊接图

多传感器质量检测逻辑表决电路正面实物图和反面焊接图分别如图 1、图 2 所示。

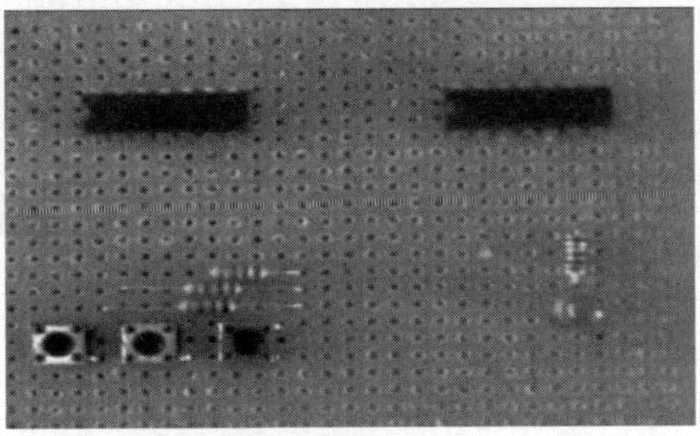

图 1　表决电路正面实物图

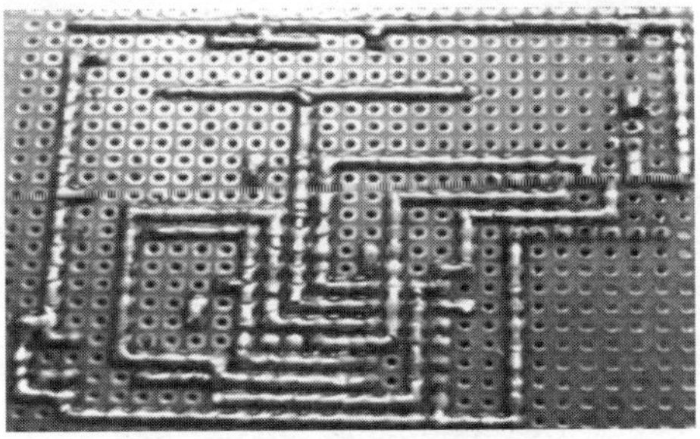

图 2　表决电路反面焊接图

3. 表决器电路实训结果分析

当电路板焊接完成后,通上 +5 V 电源,分别同时按下按钮 S1、S2,S2、S3,S1、S3 或 S1、S2、S3,观察到发光二极管均能点亮,且当只按下 S1、S2、S3 三个按钮中的任意一个时,观察到发光二极管均不能点亮。由此可知,此电路的逻辑功能正确。请将测试结果填入表 1 中。

表 1　表决电路实训结果

按下按钮	发光二极管状态
S1、S2	
S2、S3	
S1、S3	

续表

按下按钮	发光二极管状态
S1、S2、S3	
S1	
S2	
S3	

4. 故障排除

在实训过程中，若出现故障，请用万用表测量进行排除，并将故障现象及原因填入表2中。

表2　故障排除

编号	故障现象	故障原因
1		
2		
3		

考核评价与反馈

一、考核评价标准

考核评价标准见表7-2-2。

表7-2-2　考核评价标准

评价项目	评价内容	评价标准	分数
综合素养	工作现场整理、整顿	整理、整顿不到位，扣5分	20
	操作遵守安全规范要求	违反安全规范要求，每次扣5分	
	遵守纪律，工作参与积极性和主动性	不遵守教学纪律，有迟到、早退等违纪现象，每次扣2分；参与不积极主动，扣5～10分	
实训工作过程	引导问题知识清楚、明确	回答错误，每处扣2分	10
	元器件选用正确，电气参数识读正确，记录书写认真、规范	元器件选用错误，每项扣5分；电气参数识读错误，每项扣2分；书写不认真，扣2分	15
	元器件布局合理、美观，插装符合要求，排列整齐，焊接质量良好	每错一处扣2分；焊点虚焊、漏焊、错焊，每处扣5分	25
	万用表使用规范，测试结果准确，电路正常工作，能在教师指导下排除故障	万用表使用不规范，扣5分；测试结果不正确，每处扣2分；电路不能正常工作，扣5分；不能排除故障，扣5分	20
实训结果	实训工单填写完整，书写认真、规范	实训工单填写不完整，每处扣2分；书写不认真、规范，扣5～10分	10
总分			100

二、考核评价反馈工单

考核评价反馈工单见表 7-2-3。

表 7-2-3　考核评价反馈工单

实训任务名称	安装与调试多传感器质量检测逻辑表决电路			时间		地点	
班级		姓名		学号			
实训小组		组长		成员			
自评分数： 学生签字：			学生任务完成过程中遇到的问题、难点记录：				
小组评分： 组长签字：			组长对组员任务完成情况记录：				
教师评分： 教师签字：			教师点评与反馈：				
实训任务成绩： 自评（20%）+小组（20%）+教师（60%）			实训综合成绩				
			评定日期			年　月　日	

参考文献

[1] 时会美,李艳红. 电工电子技术应用[M]. 北京:中国铁道出版社有限公司,2024.

[2] 哈尔滨工业大学教研室. 电工学[M]. 8 版. 北京:高等教育出版社,2024.

[3] 刘美华,周惠芳,胡晓东. 电工电子实训教程[M]. 4 版. 北京:高等教育出版社,2024.

[4] 申凤琴. 电工电子技术基础[M]. 3 版. 北京:机械工业出版社,2024.

[5] 坚葆林. 电工电子技术与技能[M]. 4 版. 北京:机械工业出版社,2024.

[6] 王琳,汤慧芹. 电工电子技术[M]. 4 版. 北京:北京理工大学出版社,2024.